普通高等教育"十二五"规划教材

轧钢加热炉课程设计实例

陈伟鹏　编著

北　京

冶金工业出版社

2015

内 容 提 要

本书是在参考以往的加热炉设计资料，并结合作者多年轧钢加热炉课程设计指导经验的基础上编写而成的。书中结合推钢式连续加热炉、步进式连续加热炉、环形连续加热炉三种轧钢厂常用加热炉炉体的设计实例，简要介绍了加热炉炉型、燃料燃烧、钢坯加热时间、炉子基本尺寸、热平衡、燃烧系统、排烟系统、汽化冷却系统、钢结构等的设计和计算；重点介绍了加热炉计算过程和相关参数的确定方法。书中内容相对浅显、适用，适合 2~3 周的加热炉课程设计教学。

本书为高等院校冶金热能专业课程设计教学用书，也可供相关企业的技术人员和科研院所的设计、研究人员参考。

图书在版编目（CIP）数据

轧钢加热炉课程设计实例/陈伟鹏编著. —北京：冶金工业出版社，2015.2

普通高等教育"十二五"规划教材

ISBN 978-7-5024-6841-5

Ⅰ.①轧… Ⅱ.①陈… Ⅲ.①热轧—热处理炉—课程设计—高等学校—教材 Ⅳ.①TG333-41

中国版本图书馆 CIP 数据核字（2015）第 004623 号

出 版 人 谭学余
地　　址　北京市东城区嵩祝院北巷 39 号　邮编　100009　电话　(010)64027926
网　　址　www.cnmip.com.cn　电子信箱　yjcbs@cnmip.com.cn
责任编辑　张耀辉　美术编辑　吕欣童　版式设计　孙跃红
责任校对　禹　蕊　责任印制　牛晓波
ISBN 978-7-5024-6841-5
冶金工业出版社出版发行；各地新华书店经销；北京百善印刷厂印刷
2015 年 2 月第 1 版，2015 年 2 月第 1 次印刷
787mm×1092mm　1/16；9.5 印张；227 千字；142 页
25.00 元

冶金工业出版社　投稿电话　(010)64027932　投稿信箱　tougao@cnmip.com.cn
冶金工业出版社营销中心　电话　(010)64044283　传真　(010)64027893
冶金书店　地址　北京市东四西大街46号(100010)　电话　(010)65289081(兼传真)
冶金工业出版社天猫旗舰店　yjgy.tmall.com
（本书如有印装质量问题，本社营销中心负责退换）

前　　言

　　轧钢加热炉是钢铁工业生产中的重要热工设备，轧钢加热炉课程设计是冶金热能专业本科教学的重要内容。目前适合轧钢加热炉课程设计的教材较少，而可供参考的其他轧钢加热炉设计资料又内容过多、专业性较强，依靠现有资料，本科生在2~3周的加热炉课程设计的学习过程中较难完成相关任务；同时部分刚从事本课程设计的指导教师在安排设计任务和指导学生时也有一定困难。

　　本书针对冶金热能专业的轧钢加热炉课程设计的特点编写而成，可使同学们在2~3周时间内初步掌握轧钢加热炉设计的步骤和方法，易于学习和运用，目的性较强。

　　本书共3章，由陈伟鹏编著。在编写过程中包钢西创无缝厂刘文坡工程师为本书提供了相关工程资料，陈高峰、何超、谢智辉、张欢、何帅帅等同学为本书校稿，并得到武文非教授大力支持，在此对他们表示衷心的感谢。本书的编写出版获得2014年度内蒙古科技大学教材基金资助。

　　在编写本书的过程中，参考并引用了一些文献资料的有关内容，谨此致谢。

　　由于作者水平有限，书中不妥之处，敬请读者批评指正。

作　者

2014 年 10 月于包头

目　　录

1 推钢炉设计实例

推钢式连续加热炉靠推钢机完成炉内运料任务的连续加热炉。连续式加热炉具有生产能力高，加热稳定等特点，适用于轧钢的连续生产。本设计实例是 15t/h 燃烧天然气的推钢式连续加热炉，包括燃料燃烧计算、钢坯加热时间计算、炉子基本尺寸计算、热平衡计算、汽化冷却系统计算。

本次设计加热的是坯料尺寸为 70mm×70mm×1300mm 的普通碳素钢，采用上下两面加热，并且采用三段炉温控制，以保证加热质量。已知条件如下：

(1) 应用目的：轧机前钢坯加热；
(2) 加热能力：15t/h；
(3) 燃料种类：天然气，热值 $8500×4.18kJ/m^3$；
(4) 钢坯种类：普钢；
　　　　　　　尺寸 70mm×70mm×1300mm；
(5) 空气预热温度：400℃；
(6) 天然气温度：室温；
(7) 钢坯出炉温度：1250℃。

1.1 加热炉炉型的选择

轧钢生产连续性较大，加热钢坯的品种也比较稳定，并且数量也比较大，故决定采用连续加热炉。钢坯断面尺寸为 70mm×70mm，故决定采用上下两面加热，并且采用三段的炉温制度以保证钢坯加热质量和较高的生产率。由于料坯已经很长，故采用单排装料。

1.2 燃料燃烧计算

1.2.1 燃料成分换算

公式及计算过程见《工业炉设计手册》第 3 章第 2 节及《钢铁厂工业炉设计参考资料》上册第 5 章第 2 节。其中空气过量系数选取 1.05～1.1（参见《钢铁厂工业炉设计参考资料》上册表 5-12）。

已知天然气成分见表 1-2-1。

表 1-2-1　天然气成分

成分	CH_4	CO	H_2	N_2	C_2H_6	C_3H_8	H_2S	CO_2
体积分数/%	97.10	0.01	0.09	1.95	0.48	0.06	0.31	微量

1.2.2　空气需要量和燃烧产物量及其成分的计算

理论空气需要量：

$$L_0 = \frac{0.5\varphi(H_2)_\% + 0.5\varphi(CO)_\% + 2\varphi(CH_4)_\% + 3.5\varphi(C_2H_6)_\% + 5\varphi(C_3H_8)_\% - \varphi(O_2)_\% + 1.5\varphi(H_2S)_\%}{21}$$

$$= \frac{0.5 \times 0.09 + 0.5 \times 0.01 + 2 \times 97.1 + 3.5 \times 0.48 + 5 \times 0.06 + 1.5 \times 0.31}{21}$$

$$= 9.366 \text{m}^3/\text{m}^3$$

燃烧的空气过剩系数取 $n = 1.05$，则

实际空气需要量：

$$L_n = nL_0 = 1.05 \times 9.366 = 9.8343 \text{m}^3/\text{m}^3$$

燃烧产物量：

$$V_n = V_{CO_2} + V_{H_2O} + V_{N_2} + V_{O_2} + V_{SO_2}$$

因为

$$V_{CO_2} = (\varphi(CO)_\% + \varphi(CH_4)_\% + 2\varphi(C_2H_6)_\% + 3\varphi(C_3H_8)_\%) \times 0.01$$

$$= (0.01 + 97.1 + 2 \times 0.48 + 3 \times 0.06) \times 0.01 = 0.9825 \text{m}^3/\text{m}^3$$

$$V_{H_2O} = (2\varphi(CH_4)_\% + 3\varphi(C_2H_6)_\% + \varphi(H_2)_\% + \varphi(H_2S)_\% + 4\varphi(C_3H_8)_\% + 0.124 L_n g_{H_2O}^{\mp}) \times 0.01$$

$$= (2 \times 97.1 + 3 \times 0.48 + 0.09 + 0.31 + 4 \times 0.06 + 0.124 \times 9.8343 \times 27.2) \times 0.01$$

$$= 2.2945 \text{m}^3/\text{m}^3$$

$$V_{N_2} = (\varphi(N_2)_\% + 79L_n) \times 0.01$$

$$= (1.95 + 79 \times 9.8343) \times 0.01 = 7.789 \text{m}^3/\text{m}^3$$

$$V_{O_2} = 21 \times (n-1)L_0 \times 0.01 = 21 \times 0.05 \times 9.366 \times 0.01 = 0.098 \text{m}^3/\text{m}^3$$

$$V_{SO_2} = \varphi(H_2S)_\% \times 0.01 = 0.0031 \text{m}^3/\text{m}^3$$

所以

$$V_n = 0.9825 + 2.2945 + 7.789 + 0.098 + 0.0031 = 11.167 \text{m}^3/\text{m}^3$$

燃烧产物成分：

$$\varphi(CO_2) = \frac{V_{CO_2}}{V_n} \times 100\% = \frac{0.9825}{11.167} \times 100\% = 8.80\%$$

$$\varphi(H_2O) = \frac{V_{H_2O}}{V_n} \times 100\% = \frac{2.2945}{11.167} \times 100\% = 20.55\%$$

$$\varphi(N_2) = \frac{V_{N_2}}{V_n} \times 100\% = \frac{7.789}{11.167} \times 100\% = 69.75\%$$

$$\varphi(O_2) = \frac{V_{O_2}}{V_n} \times 100\% = \frac{0.098}{11.167} \times 100\% = 0.88\%$$

$$\varphi(SO_2) = \frac{V_{SO_2}}{V_n} \times 100\% = \frac{0.0031}{11.167} \times 100\% = 0.02\%$$

1.2.3　燃烧产物密度计算

燃烧产物的密度：

$$\rho_{气} = \frac{44\varphi(CO_2)_\% + 18\varphi(H_2O)_\% + 28\varphi(N_2)_\% + 32\varphi(O_2)_\% + 64\varphi(SO_2)_\%}{22.4 \times 100}$$

$$= \frac{44 \times 8.80 + 18 \times 20.55 + 28 \times 69.75 + 32 \times 0.88 + 64 \times 0.02}{22.4 \times 100} = 1.2105 kg/m^3$$

1.2.4 理论燃烧温度的计算

燃烧产物的热焓量：

$$i = \frac{Q_{低}^{用}}{V_n} + \frac{Q_{空}}{V_n} = \frac{Q_{低}^{用}}{V_n} + \frac{t_{空}C_{空}L_n}{V_n}$$

$$= \frac{8500}{11.167} + \frac{400 \times 0.32 \times 9.8343}{11.167} = 874.14 \times 4.18 kJ/m^3$$

燃烧产物中的空气含量：

$$V_L = \frac{(n-1)L_n}{V_n} \times 100\% = \frac{0.05 \times 9.8343}{11.167} \times 100\% = 4.404\%$$

理论燃烧温度的确定：

$$t_{理} = \frac{Q_{低}^{用} + Q_{空} + Q_{燃} - Q_{分解}}{C_t V_n}$$

$$Q_{空} = C_{空}L_n t_{空}$$

式中　$C_{空}$——空气的平均热容，查 $t_{空}=400℃$时，$C_{空}=1.327 kJ/(kg \cdot ℃)$，$Q_{空}=5220 kJ/m^3$；

　　　C_t——燃烧产物在 $t_{理}$ 下的平均热容 $C_t=1.666 kJ/(kg \cdot ℃)$，$V_n=11.167 m^3/m^3$。

又知 $Q_{低}^{用} = 8500 \times 4.18 kJ/m^3$，$L_n = 9.8343 m^3/m^3$，则

$$t_{理} = \frac{8500 \times 4.18 + 5220}{1.666 \times 11.167} = 2190℃$$

将总的计算结果列出，见表1-2-2。

表1-2-2　计算结果

序　号	名　称		数　据	单　位
1	煤气发热量		8500×4.18	kJ/m³
2	空气需要量	理论量	9.366	m³/m³
		实际量	9.8343	m³/m³
3	燃烧产物量		11.167	m³/m³
4	CO₂		8.80	%
	H₂O		20.55	%
	N₂		69.75	%
	O₂		0.88	%
	SO₂		0.02	%
5	燃烧产物密度		1.211	kg/m³
6	理论燃烧温度		2190	℃

1.3 钢坯加热时间的计算

（1）钢坯出炉的表面温度：$t_{表}^{终} = 1200℃$；

（2）钢坯入炉的表面温度：$t_{表}^{始} = 20℃$；

（3）经过预热段以后钢坯的表面温度：$t_{表} = 650℃$；

（4）进入均热段时钢坯的表面温度：$t_{表} = 1250℃$；

（5）烟气出炉温度：$t_{气} = 800℃$；

（6）烟气进入预热段的温度：$t_{气} = 1400℃$；

（7）烟气在预热段中的最高温度：$t_{气} = 1350℃$；

（8）烟气在均热段中的平均温度：$t_{气-均热}^{均} = 1275℃$。

加热时间的计算分三段进行。

1.3.1 预热段加热时间的计算

1.3.1.1 给热系数的计算

（1）平均温度。

$$t_{气-预热}^{均} = \frac{800 + 1400}{2} = 1100℃$$

$$t_{表-预热}^{均} = t_{表}^{始} + \frac{2}{3}(t_{表}^{终} - t_{表}^{始}) = 20 + \frac{2}{3}(650 - 20) = 440℃$$

则预热段终了处金属的平均温度为

$$t_{金属}^{均} = t_{中} + \frac{2}{3}(t_{表} - t_{中}) = 585 + \frac{2}{3}(650 - 585) = 628.4℃$$

（2）炉气黑度。

有效平均射线长度：

$$S = \frac{4\omega}{s} = \frac{4 \times 2 \times 0.66}{2 \times 0.66 + 2 \times 2} = 0.992\text{m}$$

$$p_{CO_2}S = 0.13 \times 0.992 \times 10^5 = 0.129 \times 10^5 \text{Pa} \cdot \text{m}$$

$$p_{H_2O}S = 0.18 \times 0.992 \times 10^5 = 0.179 \times 10^5 \text{Pa} \cdot \text{m}$$

当 $t_{气-预热}^{均} = 1100℃$ 时，

$$\varepsilon_{CO_2} = 0.125, \quad \varepsilon_{H_2O} = 0.17 \times 1.05 = 0.18$$

具体可查《冶金加热炉设计与实例》图 2-28 和图 2-29。

所以，预热段的炉气黑度为

$$\varepsilon_{气} = \varepsilon_{CO_2} + \varepsilon_{H_2O} = 0.125 + 0.18 = 0.305 \approx 0.31$$

（3）辐射传热系数。

已知

$$\frac{F_{金}}{F_{壁}} = \frac{1.3 \times 2 + 0.07 \times 4}{0.748 + 1.292 + 1.7} = 0.77$$

当 $\varepsilon_{气} = 0.31$，$\dfrac{F_{金}}{F_{壁}} = 0.77$ 时，查得

$$C_{rkm} = 2.35 \times 4.18 kJ/(m^2 \cdot h \cdot K^4)$$

则辐射传热系数为（查《冶金加热炉设计与实例》图 2-27）

$$\alpha_{辐} = \frac{C_{rkm}\left[\left(\dfrac{T_{气}^{均}}{100}\right)^4 - \left(\dfrac{T_{表}^{均}}{100}\right)^4\right]}{t_{气}^{均} - t_{表}^{均}} = \frac{2.35 \times (35537 - 2584)}{1100 - 440} \times 4.18 = 117.3 \times 4.18 kJ/(m^2 \cdot h \cdot ℃)$$

（4）对流传热系数。

$$\alpha_{对} = 450\xi\omega_0 C_t$$

取 $\xi = 0.05$，$\omega_0 = 1.5 m/s$，$C_t = 0.37 \times 4.18 kJ/(m \cdot ℃)$，则

$$\alpha_{对} = 12.5 \times 4.18 kJ/(m^2 \cdot h \cdot ℃)$$

（5）总给热系数。

$$\alpha_{\sum} = \alpha_{辐} + \alpha_{对} = (117.3 + 12.5) \times 4.18 = 129.8 \times 4.18 kJ/(m^2 \cdot h \cdot ℃)$$

1.3.1.2 确定加热时间（预热）

（1）钢的成分（取中碳钢成分）。

$$w[C] = (0.55 \sim 0.7)\%，\quad w[Mn] = (0.6 \sim 0.9)\%，$$
$$w[Si] = (0.13 \sim 0.28)\%，\quad w[P、S] \leqslant 0.05\%$$

计算中采取 $w[C] = 0.6\%$，$w[Mn] = 0.7\%$，$w[Si] = 0.20\%$。

（2）钢的导热系数。

$$\lambda_0 = 60 - 8.7w[C]_\% - 14.4w[Mn]_\% - 29.0w[Si]_\%$$
$$= 60 - 8.7 \times 0.6 - 14.4 \times 0.7 - 29.0 \times 0.2 = 38.9 \times 4.18 kJ/(m \cdot h \cdot ℃)$$
$$\lambda_{440} = \lambda_0 \times 0.85 = 38.9 \times 0.85 \times 4.18 = 33 \times 4.18 kJ/(m \cdot h \cdot ℃)$$

（3）钢的热容。

当 $w[C] = 0.6\%$，$t^{均} = 440℃$ 时，

$$C = 0.16 \times 4.18 kJ/(kg \cdot ℃)$$

（4）钢坯厚度。

钢坯实际厚度为 70mm，但在炉中为两面加热，故在计算中应采用的钢坯厚度为 $S = \dfrac{70}{2} = 35mm$。

（5）各准数的数值。

$$Bi = \frac{\alpha S}{\lambda} = \frac{129.8 \times 0.035}{33} = 0.1377$$

$$\Phi = \frac{t_{气}^{均} - t_{表}^{终}}{t_{气}^{均} - t_{始}^{均}} = \frac{1100 - 650}{1100 - 20} = 0.415$$

$$a = \frac{\lambda}{\gamma C} = \frac{33}{7700 \times 0.16} = 0.0268$$

查《冶金加热炉设计与实例》图 2-12，有

$$F_0 = \frac{a\tau_1}{S^2} = 14.3$$

（6）预热时间。

$$\tau_1 = \frac{14.3S^2}{a} = \frac{14.3 \times 0.035^2}{0.0268} = 0.654\text{h}$$

1.3.1.3　确定经过预热段之后钢坯表面与中心的温度差

$F_0 = 14.3$，$Bi = 0.1377$，$\Phi = \dfrac{t_气^均 - t_中心}{t_气^均 - t_始^均} = 0.469$，查《冶金加热炉设计与实例》图2-12，

有

$$t_中心 = t_气^均 - 0.469(t_气^均 - t_始^均) = 603℃$$

由此知预热终了时钢坯表面与中心的温度差为

$$\Delta t_1 = 650 - 603 = 47℃$$

1.3.2　加热段加热时间的计算

1.3.2.1　传热系数的计算

（1）炉子平均气温。

$$\left(\frac{T_气^均}{100}\right)^4 = \sqrt{\left[\left(\frac{T_理}{100}\right)^4 - \left(\frac{T_表^均}{100}\right)^4\right]\left[\left(\frac{T_气^出}{100}\right)^4 - \left(\frac{T_表^均}{100}\right)^4\right]} + \left(\frac{T_表^均}{100}\right)^4 \tag{1-3-1}$$

已知 $t_理 = 2175℃$，$t_气^出 = 1400℃$（流出加热段的炉气温度），$t_表^均 = \dfrac{1250+650}{2} = 950℃$，代入式

（1-3-1）中，得

$$\left(\frac{T_气^均}{100}\right)^4 = \sqrt{(359125 - 22518)(78340 - 22518)} + 22518 = 159595$$

所以　　　　　　　　　　　　　　$t_气^均 = 1999℃$

（2）炉气黑度。

平均有效射线长度：

$$S_线 = \frac{4V}{F} = 1.58\text{m}$$

$$p_{CO_2}S = 0.13 \times 1.58 \times 10^5 = 0.205 \times 10^5 \text{Pa} \cdot \text{m}$$

$$p_{H_2O}S = 0.18 \times 1.58 \times 10^5 = 0.284 \times 10^5 \text{Pa} \cdot \text{m}$$

当 $t_气^均 = 1999℃$ 时，查《冶金加热炉设计与实例》图2-20、图2-21和图2-22，有

$$\varepsilon_{CO_2} = 0.06, \quad \varepsilon_{H_2O} = 0.09$$

所以，加热段中炉气的黑度为

$$\varepsilon_气 = \varepsilon_{CO_2} + \varepsilon_{H_2O} = 0.06 + 0.09 = 0.15$$

（3）辐射传热系数。

已知　　$\dfrac{F_金}{F_壁} = \dfrac{1.3 \times 2 + 0.07 \times 4}{1.97 + 1.97 + 1.7} = 0.51$

当 $\dfrac{F_{金}}{F_{壁}} = 0.51$，$\varepsilon_{气} = 0.15$ 时，查得

$$C_{rkm} = 1.7 \times 4.18 kJ/(m^2 \cdot h \cdot K^4)$$

查《冶金加热炉设计与实例》图 2-27，有

$$\alpha_{辐} = \dfrac{C_{rkm}\left[\left(\dfrac{T_{气}^{均}}{100}\right)^4 - \left(\dfrac{T_{表}^{均}}{100}\right)^4\right]}{t_{气}^{均} - t_{表}^{均}} = \dfrac{1.7 \times [266460 - 22372]}{1999 - 950} = 396 \times 4.18 kJ/(m^2 \cdot h \cdot \text{℃})$$

（4）对流传热系数。

$$\alpha_{对} = 450\xi\omega_0 C_t = 10 \times 4.18 kJ/(m^2 \cdot h \cdot \text{℃})$$

（5）总传热系数。

$$\alpha_{总} = \alpha_{辐} + \alpha_{对} = (396 + 10) \times 4.18 = 406 \times 4.18 kJ/(m^2 \cdot h \cdot \text{℃})$$

1.3.2.2 确定加热时间

（1）钢的导热系数。

$$\lambda_{975} = \lambda_0 \times 0.68 = 38.9 \times 0.68 \times 4.18 = 26.5 \times 4.18 kJ/(m \cdot h \cdot \text{℃})$$

（2）钢的热容量。

$$C_{950} = 0.18 \times 4.18 kJ/(kg \cdot \text{℃})$$

（3）各准数的数值。

$$a = \dfrac{\lambda}{\gamma C} = \dfrac{26.5}{7500 \times 0.18} = 0.0196 m^2/h$$

$$Bi = \dfrac{\alpha S}{\lambda} = \dfrac{406 \times 0.035}{26.5} = 0.536$$

$$\Phi = \dfrac{t_{气}^{均} - t_{表}^{终}}{t_{气}^{均} - t_{均}^{始}} = 0.555$$

查《冶金加热炉设计与实例》图 2-12，有

$$F_0 = \dfrac{a\tau_2}{S^2} = 3.9, \quad \tau_2 = \dfrac{3.9 S^2}{a} = \dfrac{3.9 \times 0.035^2}{0.0196} = 0.244 h$$

即在加热段中钢坯的加热时间应为 0.244h。

1.3.2.3 确定加热段终了时钢坯中心温度及表面与中心的温度差

已知 $F_0 = 3.9$，$Bi = 0.536$，查得

$$\dfrac{t_{气}^{均} - t_{中心}}{t_{气}^{均} - t_{始}^{均}} = 0.63$$

加热段终了时钢坯的中心温度为

$$t_{中心} = t_{气}^{均} - 0.63 \times (t_{气}^{均} - t_{始}^{均}) = 1999 - 0.63 \times (1999 - 650) = 1146\text{℃}$$

钢坯表面与中心的温度差为

$$\Delta t_2 = 1250 - 1146 = 104\text{℃}$$

1.3.3 均热时间确定

钢坯出炉时表面与中心的允许温度差为 40℃。前面已经确定，当钢坯进入均热段时，

表面与中心的温度差为215℃，则

$$\delta = \frac{\Delta t_{终}}{\Delta t_{始}} = \frac{40}{215} = 0.186$$

查得，$m = 0.76$。

$$\lambda_{1250} = \lambda_0 \times 0.73 = 38.9 \times 0.73 \times 4.18 = 28.4 \times 4.18 \text{kJ}/(\text{m} \cdot \text{h} \cdot ℃)$$

$$C_{1250} = 0.17 \times 4.18 \text{kJ}/(\text{kg} \cdot ℃)$$

$$a = \frac{\lambda}{\gamma C} = \frac{28.4}{7500 \times 0.17} = \frac{28.4}{1275} = 0.0222 \text{m}^2/\text{h}$$

代入公式中求得均热时间为

$$\tau_3 = m\frac{S^2}{a} = 0.7 \times \frac{0.035^2}{0.0222} = 0.042\text{h}$$

钢坯在炉内总的加热时间为

$$\tau = \tau_1 + \tau_2 + \tau_3 = 0.94\text{h}$$

设计中实取加热时间如下：预热时间0.6h，加热时间0.2h，均热时间0.1h，总加热时间0.9h。

1.4　炉子基本尺寸的决定及有关的几个指标

1.4.1　炉子宽度

由《冶金加热炉设计与实例》式（2-29）得炉子有效宽度为

$$B = L + 2 \times 0.25 = 1.3 + 0.5 = 1.8\text{m}$$

需要说明，由于本推钢式加热炉采用拱顶，为炉体宽度与标准拱顶跨距配合，图纸中宽度采用1856mm，书中计算采用1.8m。

1.4.2　炉膛高度

（1）预热段炉膛高度。

$$H_1 = (A + 0.05B)t_{气} \times 10^{-3} = (0.5 \times 0.55 + 0.05 \times 1.8) \times 800 \times 10^{-3} = 0.29\text{m}$$

$$H_2 = (A + 0.05B)t_{气} \times 10^{-3} = (0.55 \times 0.5 + 0.05 \times 1.8) \times 1400 \times 10^{-3} = 0.51\text{m}$$

由《冶金加热炉设计与实例》式（2-93）得预热段的平均高度为

$$H_{效}^{均} = \frac{H_1 + H_2}{2} = \frac{0.29 + 0.51}{2} = 0.4\text{m}$$

下加热炉膛与上加热对称，故高度相同。

（2）加热段炉膛高度。

$$H_{效} = (A + 0.05B)t_{气} \times 10^{-3} = (0.55 \times 0.5 + 0.05 \times 1.8) \times 1970 \times 10^{-3} = 0.72\text{m}$$

（3）均热段炉膛高度。

$$H_{效} = (A + 0.05B)t_{气} \times 10^{-3} = (0.55 \times 0.5 + 0.05 \times 1.8) \times 1580 \times 10^{-3} = 0.58\text{m}$$

钢坯在炉内一面加热时，$H = H_{效} + \Delta$；

钢坯在炉内两面加热时，$H = 2H_{效} + \Delta$。

设计中实取均热段的高度为 0.58m，因为本炉采取端出料，均热段过高无必要，并易将冷空气吸入炉内。

1.4.3 炉长计算

$$L_{效} = \frac{G}{g}\tau b \quad \text{m} \tag{1-4-1}$$

式中　　G——炉子小时产量，15t/h；

　　　　g——每块钢坯质量，0.057t；

　　　　τ——加热时间，0.9h；

　　　　b——钢坯宽度，0.07m。

根据加热时间算得的炉长为炉子应有长度的下限，为保证足够产量和留有一定余地，决定将计算炉长每段加大30%，故最终取有效炉长22.1m。

参照加热时间计算的结果，并根据经验确定各段的长度如下：

预热段　　　　$L_{预}$ = 14.656m　　（取 14.6m）

加热段　　　　$L_{加}$ = 4.885m　　（取 4.9m）

均热段　　　　$L_{均}$ = 2.559m　　（取 2.6m）

总有效长　　　$L_{效}$ = 22.1m

炉子总长度（不计砌砖体在内）为

$$L_{总} = L_{效} + (0.25 \sim 0.7) = 22.1 + 0.5 = 22.6\text{m}$$

取总炉长23m。

1.4.4 炉底有效面积及总炉底面积

炉底有效面积及总炉底面积为

$$S_{效} = L_{效} B_{效} = 22.1 \times 1.3 = 28.73\text{m}^2$$

$$S_{总} = L_{总} B_{总} = 23 \times 1.8 = 41.4\text{m}^2$$

1.4.5 炉底面积有效利用率

炉底面积有效利用率为

$$\frac{S_{效}}{S_{总}} = \frac{28.73}{41.4} = 0.69$$

1.4.6 炉底强度

炉底强度为

$$\frac{G}{S_{总}} = \frac{15000}{41.4} = 362.3\text{kg/}(\text{m}^2 \cdot \text{h})$$

1.4.7 出钢间隔时间

出钢间隔时间为

$$\frac{3600}{m} = \frac{3600}{\dfrac{G}{g}} = \frac{3600}{\dfrac{15}{0.057}} = 13.68\text{s}$$

式中 m——每小时加热的钢坯块数。

1.4.8 炉墙砌砖内表面温度的计算

炉墙砌砖内表面温度的计算如下：

$$\left(\frac{T_壁}{100}\right)^4 = \frac{C_{rk}\left(\dfrac{T_气}{100}\right)^4 + C_{km}\left(\dfrac{T_金}{100}\right)^4 \dfrac{F_金}{F_壁}}{C_{rk} + C_{rk}\dfrac{F_金}{F_壁}} \qquad (1\text{-}4\text{-}2)$$

（1）预热段的炉墙内表面温度。

$t_气 = 1100℃$，$t_金 = 440℃$，$\dfrac{F_金}{F_壁} = 0.24$，查《冶金加热炉设计与实例》图 2-27 得

$\qquad C_{rk} = 1.3 \times 4.18 kJ/(m^2 \cdot h \cdot K^4)$，$C_{km} = 2.4 \times 4.18 kJ/(m^2 \cdot h \cdot K^4)$

代入式（1-4-2）中解出炉墙内表面温度 $t_壁 = 855℃$。

（2）加热段的炉墙内表面温度。

$t_气 = 1999℃$，$t_金 = 950℃$，$\dfrac{F_金}{F_壁} = 0.197$，查得

$\qquad C_{rk} = 1.2 \times 4.18 kJ/(m^2 \cdot h \cdot K^4)$，$C_{km} = 2.5 \times 4.18 kJ/(m^2 \cdot h \cdot K^4)$

代入式（1-4-2）中解出加热段的炉墙内表面温度 $t_壁 = 1532℃$。

（3）均热段的炉墙内表面温度。

$t_气 = 1275℃$，$t_金 = 1225℃$，$\dfrac{F_金}{F_壁} = 0.235$，查得

$\qquad C_{rk} = 1.3 \times 4.18 kJ/(m^2 \cdot h \cdot K^4)$，$C_{km} = 2.4 \times 4.18 kJ/(m^2 \cdot h \cdot K^4)$

代入式（1-4-2）中解出均热段的炉墙内表面温度 $t_壁 = 1238℃$。

决定炉内衬全部采用黏土砖。

1.5   热平衡计算及燃料消耗量的确定

参见《工业炉设计手册》第 2 版第 5 章第 3 节热平衡计算。

1.5.1 均热段的热平衡

1.5.1.1 热量收入

（1）燃料燃烧放出的热量。

$$Q_1 = B_1 Q_低^用 = 35589.5 B_1 \quad kJ/h$$

式中 B_1——均热段的燃料消耗量，m^3/h。

（2）预热空气带入的物理热。

$$Q_2 = B_1 \times 9.8348 \times 400 \times 0.32 \times 4.187 = 5271 B_1 \quad kJ/h$$

1.5.1.2 热量支出

（1）金属吸收的热量。

$$Q_1 = G(C_{金} t_{金}^{终} - C_{金} t_{金}^{始})$$

式中，$G = 15000 \text{kg/h}$，$t_{金}^{终} = 1250 - \frac{2}{3}\Delta t$，$t_{金}^{终} = 1300 - \frac{2}{3} \times 122 = 1169℃$，$t_{金}^{始} = 1200 - \frac{2}{3}\Delta t$，$t_{金}^{始} =$

$1200 - \frac{2}{3} \times 21 = 1186℃$，$C_{金} = 0.7524 \text{kJ/(kg · ℃)}$。

代入上式得 $Q_1 = 191250 \text{kJ/h}$。

（2）通过炉墙及炉顶散失的热量。

1）均热段炉顶的热损失。

砌砖体的平均温度为

$$t_{黏土}^{均} = \frac{700 + 1238}{2} = 969℃$$

$$t_{绝}^{均} = \frac{700 + 80}{2} = 390℃$$

砌砖体的平均导热系数为

$$\lambda_{黏} = (0.6 + 0.00055 \times 969) \times 4.187 = 4.74 \text{kJ/(m · h · ℃)}$$

$$\lambda_{绝} = (0.28 + 0.00013 \times 390) \times 4.187 = 1.38 \text{kJ/(m · h · ℃)}$$

经过均热段单位炉顶面积的热损失为

$$q_2' = \frac{t_{壁} - t_{空}}{\dfrac{S_1}{\lambda_1} + \dfrac{S_2}{\lambda_2} + 0.06} = \frac{1238 - 20}{\dfrac{0.113}{4.74} + \dfrac{0.06}{1.38} + 0.06} = 9568 \text{kJ/(m}^2 \text{· h)}$$

经过均热段炉顶的总热损失为

$$Q_2' = q_2' F = 9568 \times 1.8 \times 2.559 = 44072 \text{kJ/h}$$

2）均热段炉底的热损失。

$$q_2'' = 16280 \sim 24420 \text{kJ/(m}^2 \text{· h)}$$

根据经验数据，通过实炉底散失的热流取上限，故

$$Q_2'' = 24420 \times 1.8 \times 2.559 = 112483.4 \text{kJ/h}$$

3）均热段炉墙的热损失。

已知 $t_{壁} = 1238℃$，$t_1 = 700℃$，$t_2 = 80℃$，则

$$q_2''' = \frac{1238 - 20}{\dfrac{0.35}{4.74} + \dfrac{0.12}{1.38} + 0.06} = 5536.4 \text{kJ/(m}^2 \text{· h)}$$

故经过整个均热段侧墙的热损失为

$$Q_2''' = q_2''' F = 5536.4 \times (2.59 \times 0.58 \times 2 + 1.8 \times 0.58) = 22413.6 \text{kJ/h}$$

所以，均热段炉墙、炉底及炉顶的总热损失为

$$Q_2 = 44072 + 112483.4 + 22413.6 = 178963 \text{kJ/h}$$

（3）均热段炉门的热损失。

1）出钢口的辐射热损失（端出料口）。

根据近似计算公式

$$Q_3' = 2\left[\left(\frac{T_{气}}{100}\right)^4 - \left(\frac{T_{辐}}{100}\right)^4\right]F\Phi$$

式中，$t_{气} = 1275℃$，$t_{辐} = 600℃$（出钢口铁炉门温度），$\Phi = 1$，$F = 1.74 \times 0.42 = 0.714\mathrm{m}^2$（炉门面积）。

代入上式得

$$Q_3' = 2 \times (57423 - 5808) \times 4.18 \times 0.714 \times 1 = 308092\mathrm{kJ/h}$$

2）经常关闭的均热段炉门的热损失。

本段中有 6 个经常关闭的炉门（其中 4 个经常关闭，2 个炉门关闭时间为总时间的70%），炉门尺寸 600mm×400mm。

已知 $t_1 = 1000℃$，$t_2 = 250℃$，$\Phi = 1$ 或 $\Phi = 0.7$，$F = 0.6 \times 0.4 = 0.24\mathrm{m}^2$，$\lambda_{黏} = (0.6 + 0.00055 \times 625) \times 4.187 = 3.95\mathrm{kJ/(m \cdot h \cdot ℃)}$，代入公式得

$$Q_3'' = \frac{t_1 - t_2}{\dfrac{S}{\lambda}} \times 4F \times 1 + \frac{t_1 + t_2}{\dfrac{S}{\lambda}} \times 2F \times 0.7 = 16727\mathrm{kJ/h}$$

3）经常开启的均热段炉门的热损失。

$$Q_3''' = 2\left[\left(\frac{T_{气}}{100}\right)^4\right]F(1 - \Phi)$$

已知 $t_{气}^{均} = 1275℃$，$F = 0.24\mathrm{m}^2$，$\Phi = 0.7$，代入上式，得

$$Q_3''' = 2 \times 57423 \times 0.24 \times 0.3 = 8268.9\mathrm{kJ/h}。$$

通过均热段炉门的总热损失为

$$Q_3 = 308092 + 16727 + 8268.9 = 333087.9\mathrm{kJ/h}。$$

（4）炉门溢气带出的热损失。

炉门溢气量为

$$V_t = \mu\frac{2}{3}HB\sqrt{\frac{2gH(\gamma_0^{空} - \gamma_t^{气})}{\gamma_t^{气}}} \quad \mathrm{m}^3/\mathrm{s}$$

式中，$\mu = 0.86$，$H = 0.4\mathrm{m}$，$B = 0.6\mathrm{m}$，$\gamma_0^{空} = 1.293\mathrm{kg/m}^3$，$\gamma_t^{气} = \dfrac{1.27}{1 + \dfrac{1275}{273}} = 0.224\mathrm{kg/m}^3$。

代入上式得

$$V_t = 0.86 \times \frac{2}{3} \times 0.24\sqrt{\frac{2 \times 19.62 \times 0.4(1.293 - 0.224)}{0.224}} = 0.82\mathrm{m}^3/\mathrm{s}$$

溢气带出的热损失为

$$Q_4 = KC_t t \times 8.14 \times 3600 \times 0.3V_0 \quad \mathrm{kJ/h}$$

式中，$K = 1.2$（考虑到砌缝的溢气），$C_t = 1.57\mathrm{kJ/(m}^3 \cdot ℃)$，$t_{气} = 1275℃$，$\Phi = 0.3$，$V_0 = V_t\dfrac{1}{1 + \dfrac{1275}{273}} = 0.144\mathrm{m}^3/\mathrm{s}$。

代入上式得

$$Q_4 = 1.2 \times 1.57 \times 1275 \times 3600 \times 0.3 \times 0.144 = 373574.6 \text{kJ/h}$$

（5）流出均热段的废气带走的热量。

$$Q_5 = B_1 V_n C_气 t_气$$
$$= B_1 \times 11.164 \times 1275 \times 0.38 \times 4.187 = 22647.3 B_1 \quad \text{kJ/h}$$

（6）化学不完全燃烧造成的热损失。

$$Q_6 = B_1 V_n P \times 2800 = B_1 \times 11.164 \times 0.005 \times 2800 \times 4.187 = 654 B_1 \quad \text{kJ/h}$$

均热段热平衡方程式：热收入总和＝热支出总和，即

$$17559.2 B_1 = 1076682$$

解方程式，$B_1 = 61.3 \text{m}^3/\text{h}$，即均热段每小时需燃烧 61.3m³ 天然气。

实取本段之燃烧消耗量为 100m³。

1.5.2 加热段的热平衡

1.5.2.1 热量收入

（1）燃料燃烧放出的热量。

$$Q_1 = B_2 Q_低^用 = 35589.5 B_2 \quad \text{kJ/h}$$

（2）预热空气带入的物理热。

$$Q_2 = B_2 L_n C_空 t_空$$
$$= B_2 \times 9.8348 \times 0.32 \times 4.187 \times 400 = 5271 B_2 \quad \text{kJ/h}$$

（3）金属氧化反应放出的热量。

$$Q_3 = 5652.5 G a K_1 \quad \text{kJ/h}$$

式中，$G = 15000 \text{kg/h}$，$a = 0.8\%$，$K_1 = \dfrac{0.8}{1.9} = 0.42$（本段中生成的氧化铁皮百分比）。

代入上式，得

$$Q_3 = 5652.5 \times 15000 \times 0.008 \times 0.42 = 284886 \text{kJ/h}$$

（4）由均热段进入加热段的烟气带入的热量

$$Q_4 = 11.164 \times 1275 \times 0.38 \times 4.187 B_1 = 2264730 \text{kJ/h}$$

1.5.2.2 热量支出

（1）金属吸收的热量。

$$Q_1 = G(C'_金 t_金^终 - C''_金 t_金^始)$$

式中，$G = 15000 \text{kg/h}$，$C'_金 = 0.69 \text{kJ/(kg} \cdot \text{℃)}$，$C''_金 = 0.57 \text{kJ/(kg} \cdot \text{℃)}$，$t_金^始 = 600 \text{℃}$，$t_金^终 = 1220 \text{℃}$，代入上式，得

$$Q_1 = 15000 \times (0.69 \times 1220 - 0.57 \times 600) = 7497000 \text{kJ/h}$$

（2）通过砌砖体散失的热量。

1）加热段炉顶的热损失。

已知 $t_壁 = 1532 \text{℃}$，$t_1 = 700 \text{℃}$，$t_2 = 80 \text{℃}$，$t_空 = 20 \text{℃}$，$S_绝 = 0.07 \text{m}$，$S_黏 = 0.3 \text{m}$，$t_黏^均 = \dfrac{700 + 1532}{2} = 1116 \text{℃}$，$t_绝^均 = \dfrac{700 + 80}{2} = 390 \text{℃}$，$\lambda_黏 = 4.86 \text{kJ/(m} \cdot \text{h} \cdot \text{℃)}$，$\lambda_绝 = 1.39 \text{kJ/(m} \cdot \text{h} \cdot \text{℃)}$，代入算式得

$$q_2' = \frac{t_壁 - t_空}{\frac{0.3}{4.86} + \frac{0.07}{1.39} + \frac{0.06}{4.187}} = 11960 \text{kJ/}(\text{m}^2 \cdot \text{h})$$

通过加热段炉顶的热损失为

$$Q_2' = q_2' F = 11960 \times 1.8 \times 4.885 = 105164 \text{kJ/h}$$

2）加热段炉底的热损失为

$$q_2'' = 20431 \text{kJ/}(\text{m}^2 \cdot \text{h})$$

$$Q_2'' = q_2'' F = 20431 \times 1.8 \times 4.885 = 179649.8 \text{kJ/h}$$

3）加热段炉墙的热损失。

$$q_2''' = \frac{t_壁 - t_空}{\frac{S_1}{\lambda_1} + \frac{S_1}{\lambda_2} + \frac{0.06}{4.187}}$$

已知 $t_黏^均 = 1116℃$，$t_绝^均 = 390℃$，$\lambda_黏 = 4.86 \text{kJ/}(\text{m} \cdot \text{h} \cdot ℃)$，$\lambda_绝 = 1.39 \text{kJ/}(\text{m} \cdot \text{h} \cdot ℃)$，代入上式得

$$q_2''' = \frac{1532 - 20}{\frac{0.35}{4.86} + \frac{0.12}{1.39} + \frac{0.06}{4.187}} = 8756 \text{kJ/}(\text{m}^2 \cdot \text{h})$$

通过全部加热段炉墙的热损失为

$$Q_2''' = q_2''' = 8756 \times 0.72 \times 4.885 \times 2 = 61593 \text{kJ/h}$$

所以，加热段炉墙、炉顶及炉底的总热损失为

$$Q_2 = 105164 + 179649.8 + 61593 = 346406.8 \text{kJ/h}$$

（3）加热段炉门的热损失。

已知每个炉门的面积为 $0.4 \times 0.35 = 0.14 \text{m}^2$，加热段炉门的数量为 $8 + 4 = 12$ 个，$t_1 = 1000℃$，$t_2 = 250℃$，$\lambda = 3.95 \text{kJ/}(\text{m} \cdot \text{h} \cdot ℃)$，$S = 0.23 \text{m}$，$\Phi = 1$，代入前式得

$$Q_3 = \frac{t_1 - t_2}{\frac{S}{\lambda}} \times F \times 12 \times \Phi = 21639 \text{kJ/h}$$

（4）炉内冷却水管吸热造成的热损失。

$$Q_4 = \frac{t_壁 - t_水}{\frac{S}{\lambda}} F_均 n$$

已知 $t_水 = 50℃$，$t_壁 = 1532℃$，且

$$F_1 = 2\pi\gamma_1 L = 2\pi \times 0.035 \times 4.9 = 1.1 \text{m}^2$$

$$F_2 = 2\pi\gamma_2 L = 2\pi \times 0.022 \times 4.9 = 0.684 \text{m}^2$$

$$F_均 = \sqrt{F_1 F_2} = 0.856 \text{m}^2$$

$$t_绝^均 = \frac{1532 + 50}{2} = 791℃$$

$$\lambda_绝 = (0.28 + 0.001 \times 791) \times 4.187 = 4.48 \text{kJ/}(\text{m} \cdot \text{h} \cdot ℃)$$

$$S = 0.06\text{m}$$

代入上式得

$$Q_4 = \dfrac{1532 - 50}{\dfrac{0.06}{4.48}} \times 0.865 \times 6 = 574304.6\text{kJ/h}$$

（5）化学不完全燃烧造成的热损失。

$$Q_5 = B_2 V_n p \times 2800 = B_2 \times 11.164 \times 0.005 \times 2800 = 156B_2$$

（6）流出加热段的废气带走的热量。

$$Q_6 = (B_1 + B_2) V_n C_气 t_气$$

已知 $V_n = 11.164\text{m}^3/\text{m}^3$，$C_气 = 1.59\text{kJ/}(\text{m}^3 \cdot \text{℃})$，$t_气 = 1400\text{℃}$，$B_1 = 150\text{m}^3/\text{h}$，代入上式得

$$Q_6 = 3727660 + 24851B_2$$

加热段热平衡方程式：热收入总和＝热支出总和，即

$$15853.5B_2 = 12167010.4$$

解方程式，$B_2 = 767\text{m}^3/\text{h}$。

实取本段之燃料消耗量为 $800\text{m}^3/\text{h}$。

1.5.3 预热段的热平衡

1.5.3.1 热量收入

（1）燃料燃烧放出的热量。

$$Q_1 = B_3 \times 35590 = 35590B_3 \quad \text{kJ/h}$$

（2）空气预热带入的物理热。

$$Q_2 = B_3 L_n C_空 t_空 = B_3 \times 9.8348 \times 0.32 \times 400 = 5271B_3 \quad \text{kJ/h}$$

（3）金属氧化反应放出的热量。

$$Q_3 = 5652.5 G\alpha(1 - K_1) = 5652.5 \times 15000 \times 0.008 \times 0.58 = 393414\text{kJ/h}$$

（4）由加热段进入预热段的烟气带入的热量。

$$Q_4 = (B_1 + B_2) V_n C_气 t_气$$

已知 $t_气 = 1400\text{℃}$，$V_n = 11.164\text{m}^3/\text{m}^3$，代入上式得

$$Q_4 = 188470469.4\text{kJ/h}$$

1.5.3.2 热量支出

（1）金属吸收的热量。

$$Q_1 = G(C_金 t_金^终 - C_金 t_金^始) = 5024400\text{kJ/h}$$

（2）通过砌砖体散失的热量。

1）预热段炉顶的热损失。

已知 $t_壁 = 855\text{℃}$，$t_1 = 550\text{℃}$，$t_2 = 60\text{℃}$，$t_空 = 20\text{℃}$，$S_黏 = 0.3\text{m}$，$S_绝 = 0.07\text{m}$，$t_黏^均 = 695\text{℃}$，$t_绝^均 = 305\text{℃}$，$\lambda_黏 = 4.11\text{kJ/}(\text{m} \cdot \text{h} \cdot \text{℃})$，$F_壁 = 26.4\text{m}^2$，$\lambda_绝 = 2.6\text{kJ/}(\text{m} \cdot \text{h} \cdot \text{℃})$，代入公式得

$$Q_2' = 157951\text{kJ/h}$$

2）预热段炉底的热损失。

$$Q_2'' = 2490F = 65686.2 \text{kJ/h}$$

3）预热段炉墙的热损失。

$$Q_2''' = \frac{t_\text{壁} - t_\text{空}}{\dfrac{S_1}{\lambda_1} + \dfrac{S_2}{\lambda_2} + \dfrac{0.06}{4.187}} \times F$$

已知 $t_\text{壁} = 840℃$，$S_\text{黏} = 0.35\text{m}$，$F = 12.4\text{m}^2$，$t_1 = 550℃$，$S_\text{绝} = 0.12\text{m}$，$t_2 = 60℃$，$\lambda_\text{黏} = 4.11\text{kJ/(m·h·℃)}$，$t_\text{空} = 20℃$，$\lambda_\text{绝} = 1.34\text{kJ/(m·h·℃)}$，代入上式得

$$Q_2''' = 54771 \text{kJ/h}$$

所以，预热段炉墙、炉顶及炉底的总热损失为

$$Q_2 = 157951 + 65686.2 + 54771 = 487898 \text{ kJ/h}$$

（3）预热段炉门的热损失（经常关闭的）。

$$Q_3 = \frac{t_\text{壁} - t_1}{\dfrac{S}{\lambda}} \times F \times 12 \times \varPhi$$

已知炉门面积 $0.4 \times 0.35 \text{m}^2$，炉门数量 12 个（以下加热炉门按 6 个计算），$t_\text{壁} = 855℃$，$t_1 = 200℃$，$t_\text{均} = 500℃$，$S_\text{黏} = 0.23\text{m}$，$\lambda_\text{黏} = (0.6+0.00055 \times 500) \times 4.187 = 3.66\text{kJ/(m·h·℃)}$，$\varPhi = 1$，代入上式得

$$Q_3 = 17511 \text{kJ/h}$$

（4）炉内冷却水管吸热造成的热损失。

$$Q_4 = \frac{t_\text{壁} - t_\text{水}}{\dfrac{S}{\lambda}} \times F_\text{均} \times 6$$

已知 $t_\text{水} = 50℃$，$t_\text{壁} = 855℃$，$t_\text{均} = 445℃$，$S = 0.06\text{m}$，$F_1 = 2\pi\gamma_1 L = 4.12\text{m}^2$，$F_2 = 9.64\text{m}^2$，$F_\text{均} = \sqrt{9.64 \times 4.12} = 6.3\text{m}^2$，$\lambda_\text{黏} = 3.12\text{kJ/(m·h·℃)}$，代入上式得

$$Q_4 = 1582308 \text{kJ/h}$$

（5）装料口的热损失。

1）装料口的辐射热损失。

已知开口面积为 $0.2 \times 1.74 \text{m}^2$，$t_\text{气} = 1075℃$，则

$$Q_5' = 2\left(\frac{T_\text{气}}{100}\right)^4 F = 96221.4 \text{kJ/h}$$

2）装料口炉门传导热损失。

已知 $F = 1.74 \times 0.3 = 0.51\text{m}^2$，$t_\text{壁} = 855℃$，$S = 0.23\text{m}$，$t_\text{水} = 50℃$，$\lambda_\text{黏} = 3.53\text{kJ/(m·h·℃)}$，$t_\text{均} = 445℃$，$F = 0.51\text{m}^2$，则

$$Q_5'' = \frac{t_\text{壁} - t_\text{水}}{\dfrac{S}{\lambda}} F = 6301.05 \text{kJ/h}$$

3）装料口总的热损失。

$$Q_5 = 1025522.45 \text{kJ/h}$$

（6）炉门逸气带出的热量。

已知
$$V_t = \mu \frac{2}{3} H \times B \sqrt{\frac{2gH(\gamma_0^{空} - \gamma_t^{气})}{\gamma_t^{气}}}$$

式中，$\mu = 0.6$，$H = 0.2\text{m}$，$\gamma_0^{空} = 1.293 \text{kg/m}^2$，$B = 1.74\text{m}$，$\gamma_t^{气} = 0.258 \text{kg/m}^3$，则

$$V_t = 0.552 \text{m}^3/\text{s}$$

又 $V_0 = \dfrac{1.552}{1 + \dfrac{1100}{273}} = 0.11 \text{m}^3/\text{s}$，则

$$Q_6 = V_0 C_气 t_气 \times 3600 = 672606 \text{kJ/h}$$

（7）化学不完全燃烧造成的热损失。

$$Q_7 = B_3 V_n p \times 2800 \times 4.18 = 5235.3 B_3 \quad \text{kJ/h}$$

（8）废气出炉带走的热量。

$$Q_8 = (B_1 + B_2 + B_3) V_n C_气 t_气 = 11006811 + 14111.3 B_3 \quad \text{kJ/h}$$

预热段热平衡方程式：热收入总和＝热支出总和，即

$$40861 B_3 + 19777204 = 19777204 + 19346.6 B_3$$

解方程式，$B_3 = 0 \text{m}^3/\text{h}$。

计算结果表明，无须在预热段设置燃烧器供给热量，进入预热段的废气带入的热量已足够消耗，本设计中进入预热段的废气温度为1400℃。预热段热平衡表中"其他热损失"一项的数值，如大于热平衡中未估计到的其他热损失的实际数值，则废气出炉温度还必将高于规定的850℃。

总燃料消耗量为

$$B = B_1 + B_2 = 900 \text{m}^3/\text{h}$$

单位燃料消耗量为

$$b = \frac{900}{15000} = 0.06 \text{m}^3/\text{kg}$$

1.6 燃烧系统的设计

对于已经定型的烧嘴，根据实验确定了材料、结构尺寸及性能，因此可以按规定性能选用，当使用条件与规定性能不符合时，要进行计算。

由于条件与规定性能符合，故根据《钢铁厂工业炉设计参考资料》决定选用 DW-Ⅰ7 型低压涡流式烧嘴，燃烧能力为 65m³/h（标态）。

设计中取上加热与下加热所用的燃烧器尺寸相同，燃烧能力相等，上下加热各采取6个燃烧器，均热段采用2个燃烧器。

1.7 烟道的设计

1.7.1 烟道基本参数计算

烟道的选型数据见表1-7-1。

表 1-7-1 烟道的选型数据

序 号	名 称	数 据	单 位
1	烟气量	12060.4	m^3/h（标态）
2	烟气入口温度	580	℃
3	烟气出口温度	146	℃

初步设定烟气的流速为4m/s（标态）。由连续方程

$$V = vst$$

得

$$s = \frac{V}{vt} = \frac{12060.4}{4 \times 3600} = 0.84 m^2$$

由此结果选择的烟道为：拱顶角180°；烟道内宽1044mm；高度1270mm；当量直径1157mm；截面积1.209m^2；烟道周长4.17m。

反算烟道内烟气的流速为

$$v = \frac{V}{st} = \frac{12060.4}{1.209 \times 3600} = 2.771 m/s$$

满足烟气的流速范围。

1.7.2 烟道的阻力计算

1.7.2.1 烟道阻力

烟道阻力包括摩擦阻力和局部阻力两部分。

摩擦阻力包括气体与管壁及气体本身的黏性产生的阻力，计算中以 h_m 表示。

计算公式如下：

$$h_m = 9.8\lambda \frac{L}{d_D} h_t \quad Pa \tag{1-7-1}$$

$$h_t = 9.8 \frac{W_0^2}{2g} \gamma_0 (1 + \beta t) \quad Pa \tag{1-7-2}$$

式中 λ——摩擦阻力系数；

     L——计算段的长度，m；

     h_t——气体在温度 t 时的速度头，Pa；

     W_0——标准状态下气体的平均流速，m/s；

     γ_0——标准状态下气体的密度，kg/m^3；

     β——体积膨胀系数，$\beta = 1/273$；

     t——气体的实际温度，℃。

局部阻力是由于通道断面有显著变化或改变方向，使气流脱离通道壁形成涡流而引起的能量损失。局部阻力的计算式为

$$h = \xi h_t = 9.8\xi \frac{W_0^2}{2g}\gamma_0(1 + \beta t) \quad \text{Pa} \tag{1-7-3}$$

式中　ξ——局部阻力系数。

横向通过管束时的气流阻力与管束排数、排列方式、雷诺数等有关，在工程中通常利用现成的图表进行计算。

1.7.2.2　管束的总阻力损失

管束的总阻力为

$$h_{管} = 9.8\xi \frac{W_0^2}{2g}\gamma_0(1 + \beta t), \quad \xi = \xi_S C_R C_S Z_2 \tag{1-7-4}$$

式中　ξ_S——每排管子的阻力系数；

C_R——修正系数，$\dfrac{S_1}{d} > \dfrac{S_2}{d}$ 时，$C_R = 1.0$；

C_S——修正系数；

Z_2——沿气流方向的管子排数；

W_0——标准状态下气流通过管束时的平均流速，m/s；

γ_0——气体在标准状态时的密度，kg/m³；

β——体积膨胀系数，$\beta = \dfrac{1}{273}$；

t——气体通过管束时的平均温度，℃。

1.7.2.3　自然排烟部分烟道阻力计算

自然排烟部分的阻力计算及结果见表1-7-2。

表1-7-2　自然排烟部分的阻力计算及结果

序号	项　目	公　式	单位	结果
1	气体速度		m/s	2.771
2	换热器前温度	选定	℃	800
3	换热器后温度	选定	℃	590
4	气体密度		kg/m³	1.2227
5	烟道断面积		m²	1.21
6	烟道周长		m	4.17
7	烟气量		m/s	3.35
8	$h_{t前}$	$h_t = \dfrac{W_0^2}{2g}\gamma_0(1 + \beta t)$	Pa	18.42
9	$h_{t后}$	$h_t = \dfrac{W_0^2}{2g}\gamma_0(1 + \beta t)$	Pa	14.80

续表 1-7-2

序号	项　目		公　式		单位	结果	
10	摩擦阻力损失	λ 摩擦系数	选定			0.05	
		L 换热器前管长			m	1.5	
		L 换热器后管长			m	11.716	
		d 平均通径			m	1.16	
		$h_磨$	$K \times h_t$		Pa	0.9	
11	局部阻力	阻力形状	90°弯	阻力个数 2	个	阻力系数	1.1×2=2.2
			分流	1	个		0.22
			群通道合流	1	个		1.5
			下降烟道	1	个		0.5
			回转闸板	1	个		0.52×1=0.52
			风机出口	0	个		0
		$h_局$	$\sum \xi_i h_t$		Pa	85.26	
12	换热器	$h_换$			Pa	78.4	
13	烟道总阻力损失	$h_总$	$h_磨 + h_局 + h_换$		Pa	172.48	

1.7.3　风机的选取

根据部分阻力计算，再考虑当地的气压与烟气的温度的影响，选定风机。

所选风机：

型号　Y4-68 No10D

流量　39594m³/h

压力　2320Pa

所选电动机：

型号　Y225M-4

功率　45kW

1.8　汽化冷却系统计算

1.8.1　汽化冷却水循环计算目的

校核循环回路能否正常循环，从而确定汽化冷却装置的系统布置、结构是否合理以及运行是否安全可靠。

通过计算确定实际循环倍率及其他各参数。

1.8.2　汽化冷却的热力计算

1.8.2.1　汽化冷却元件热负荷的计算

冷却元件的热负荷就是每小时内冷却介质（水和汽）能够从冷却元件中带走的热量。

在汽化冷却设计中，首先要确定冷却元件的热负荷。

在已知蒸汽产量的情况下，求冷却元件的热负荷计算式如下：

$$Q = 1.15D(i_汽 - i_{给水})$$

式中　　Q——冷却元件热负荷，kJ/h；

　　　　D——蒸汽产量，kg/h；

　　　　$i_汽$——汽包压力下饱和蒸汽的热熔量，kJ/kg；

$i_{给水}$——给水热熔量，kJ/kg，无除氧器时 $i_{给水} = 63kJ/kg$，有除氧器时 $i_{给水} = 440kJ/kg$。

1.8.2.2　蒸汽参数的确定

（1）蒸汽压力。汽化冷却系统的蒸汽压力主要根据冶金炉工艺特点和蒸汽用户的要求以及冷却元件所能承受的压力来确定。本次设计选用 $P = 1.1MPa$。

（2）蒸汽产量。不考虑排污和管道泄漏时的蒸汽产量计算式如下：

$$D = \frac{K\sum Q_均}{i'' - i_{gs}} = \frac{1.3 \times 6101700}{2781.21 - 63} = 2918.17kg/h$$

式中　　K——热负荷不均匀系数；

　$\sum Q_均$——冷却元件平均热负荷的总和，kJ/h；

　　　　i''——在汽包压力下饱和蒸汽的热熔量，kJ/kg。

则冷却元件热负荷为

$$Q = 1.15D(i_汽 - i_{给水}) = 1.15 \times 2918.17 \times (2781.21 - 63) = 9122028.7kJ/h$$

1.8.3　汽化冷却循环方式与循环系统的确定

1.8.3.1　循环方式的选择

采用自然循环，它是依靠下降管中的水和上升管中的汽水混合物的密度差造成的位压头，克服整个系统的阻力，实现系统自动而连续的循环。这种循环方式不需要外加动力，既经济又可靠。

1.8.3.2　循环系统的选择

合理地选择循环系统是保证汽化冷却运行可靠、操作方便的关键，设计中应在运行可靠的基础上力求管路系统布置简单。因此，在选择的自然循环的汽化冷却方式下结合实际，循环系统选定上升管为单独管，下降管为集管。这种循环系统的特点是：管路布置较简单；相互干扰现象较少；阻力较小。

这种循环系统的工作流程是：水由一根下降集管沿汽包底部下降进入下联箱中，再分至四组炉底管回路中，其中纵炉底管两根对应两个回路，横炉底管八根对应两个回路（其中靠近炉尾的五根横炉底管串联成一组，靠近炉头的三根横炉底管串联成一组）。汽水混合物沿着四根上升管单独进入汽包，在高于正常水位 100mm 的管口处，水落入汽包，带有一定水分的蒸汽通过缝隙挡板时，夹在气流中的水滴便附在板面上因自重而落入水中，而经过粗分离后的饱和蒸汽由汽包上方的多孔顶板的进一步分离后，饱和蒸汽由汽包蒸汽输出管引出并入管网，供用户使用。分离下来的饱和水和给水在汽包中混合，仍由下降管进入炉底管回路，周而复始，实现自然循环汽化冷却。

1.8.3.3 循环回路的组成及管路布置

热负荷较大的冷却元件宜单独作为一个循环回路，热负荷较小的冷却元件可几个串联成一个循环回路。并联在一起的各回路，其热负荷与阻力系数应基本相等，各回路热负荷与单独上升管热负荷应基本相等。在自然循环情况下，各个回路的热负荷不宜过大（一般宜小于 2.5GJ/h），以免因阻力增大而造成循环困难。

在配置上升管和下降管时，应尽量减少拐弯并使管路长度最短（特别是自然循环应尽量缩短上升管的长度）。上升管的走向必须满足汽水混合物沿管路上升的流向要求，因此，不允许有向下弯曲的情况，并应尽量减少水平段的长度。水平段的坡度，在炉外不受热的上升管最好小于 10%，在炉内受热的上升管最好不小于 30%。

下降集管到各下降支管可以采用分配器连接。下降管的分配器应水平放置以利于各回路的流量分配。有时在下降管的底部加一向下弯的 U 形管（位置低于冷却元件），以增加下降管的阻力，迫使循环始终朝着正方向进行。

当下降管是由两根并联支管引入同一冷却元件时，并联支管的水流量应大致相同。

上升管应接入汽包蒸汽空间，在汽包上应尽可能沿长度方向均匀分布，力求在汽包的同一方位上，并使上升管的最低点稍高于汽包正常水位，以避免反循环发生。

1.8.4 冷却元件的选择

冷却元件通常有管式和箱式两种。冷却元件的形状和尺寸应满足冶金炉工艺要求，并保证在最大、最小和短期尖峰负荷下能可靠地工作。根据实际情况选择管式冷却元件最合适。

冷却元件应尽量垂直安放，使朝下的表面或侧面受热。如果受热面朝上，汽水混合物的引出管应倾斜 16°以上，同时冷却介质在其内的流速不应小于 0.4m/s。

1.8.5 汽包的计算与选择

汽包的作用是蓄水、集汽和汽水分离，以保证炉水的再循环和必要的蒸汽品质。

1.8.5.1 汽包容积 (V)

汽包容积包括有效水容积、蒸汽空间容积和闲置水容积。计算汽包容积公式为

$$V = V_1 + V_2 + V_3 \quad m^3$$

式中 V_1——汽包有效水容积，m^3，此容积应保证至少在 $30\sim60min$ 内不向汽包供水的情况下能够维持汽化冷却系统正常工作；

V_2——汽包内蒸汽空间容积，m^3，此容积应保证获得质量符合要求的蒸汽，一般情况下，蒸汽空间高度不应小于 0.5m；

V_3——闲置水容积，m^3，此容积主要考虑当汽包水位下降到最低点时，为防止蒸汽和沉淀物进入下降管而必需的部分容积，该容积应保证水位最低点距汽包底部大于 150mm。

具体计算如下：

汽包有效水容积计算式如下：

$$V_1 = kGv' = 0.88 \times 2918.17 \times 0.001133 = 2.91m^3$$

式中　k——系数，一般取 0.67~1.0，对低参数系统取偏高值；

　　　G——汽化系统的给水量，kg/h，在不考虑管道排污和泄漏率的情况下，$G=D$；

　　　v'——汽包工作压力下饱和水的质量体积，m^3/kg。

汽包内蒸汽空间容积计算式如下：

$$V_2 = \frac{Dv''}{R_v} = \frac{2918.17 \times 0.1775}{400} = 1.3 m^3$$

式中　D——汽化冷却系统的蒸发量，kg/h；

　　　v''——汽包工作压力下饱和蒸汽的质量体积，m^3/kg；

　　　R_v——蒸汽空间容积负荷，一般可取 $R_v = 400 \sim 800 m^3/(m^3 \cdot h)$。

闲置水容积计算式如下：

$$V_3 = \frac{\pi}{4} \phi^2 Lk = \frac{3.14}{4} \times 1.0^2 \times 6 \times 0.196 = 0.92 m^3$$

式中　ϕ——汽包的内径，m，一般汽包内径为 1~1.4m，计算时先进行估算；

　　　L——汽包的长度，m；

　　　k——系数，决定于 h 和 ϕ 的比值，见表 1-8-1；

　　　h——汽包中闲置水位高度，m，一般取 $h = 0.25m$。

由计算可知汽包容积为

$$V = V_1 + V_2 + V_3 = 2.91 + 1.3 + 0.92 = 5.13 m^3$$

表 1-8-1　系数 k 的取值

h/ϕ	0.06	0.08	0.10	0.12	0.14	0.16	0.18
k	0.025	0.038	0.052	0.069	0.085	0.103	0.122
h/ϕ	0.20	0.22	0.24	0.26	0.28	0.32	0.36
k	0.142	0.163	0.185	0.207	0.229	0.276	0.324

1.8.5.2　汽包内径的确定

当计算出汽包的容积之后，根据汽包的配管需要和锅炉制造厂的封头内径系列确定汽包长度和内径，所以选用汽包的尺寸是 1000mm×6000mm。

1.8.5.3　汽包内部装置及配管

汽包除筒体本身外，还包括汽水分离元件、受汽元件、配水装置、各种配管及汽包的附件等。

（1）汽水分离元件。其作用在于消除自上升管进入蒸汽空间（或水空间）的汽水混合物的动能，减少水位的波动，避免水滴飞溅，使汽、水分离。常用的汽水分离元件有缓冲罩、分离挡板、缝隙式挡板等。

（2）受汽元件。用于进一步分离蒸汽中的水滴，以保证必要的蒸汽干度。受汽元件的形式一般有集汽管、多孔顶板、蜗形分离器和铁丝网分离器。设置时可根据对蒸汽品质的不同要求与上升管的配置情况，单独或组合选用汽水分离元件和受汽元件。

（3）配水装置。包括给水分配管和配水槽。给水分配管从汽包引入，在管上沿汽包长度方向均匀开孔。给水分配管不宜小于 2/3 的汽包直段长度，孔径一般为 10~12mm，开孔面积为给水管流通面积的 1/2 ~ 1/3。孔间距沿长度方向逐渐缩短，给水分配管应远离排污管。

（4）汽包上的配管。主要有下降管、上升管、给水管、排污管、蒸汽引出管、放散管以及测控仪表连接管等。

下降管应自汽包最低点引出，为防止汽包中的沉积物进入下降管，下降管口比汽包底部最低点高出 100 ~ 120mm。引出处到汽包最低允许水位高度（比正常水位低 100 ~ 150mm），最好不小于 4 倍下降管直径，如不能满足要求，为防止因水打旋将蒸汽抽入下降管而造成水循环事故，应在下降管入口处安装稳定栅板。下降管应保温。

上升管应尽量远离蒸汽引出管和下降管，并防止汽水混合物直接冲击水面。

1.8.5.4　汽包的附件

（1）安全阀。额定蒸发量大于 500kg/h 时，应装两个安全阀；额定蒸发量小于 500kg/h 时，装一个安全阀即可。安全阀应垂直安装在汽包的最高位置。一般采用全启式弹簧安全阀或杠杆式安全阀。安全阀应有排汽管引出室外，以防止排汽时伤人。排汽管截面积至少为安全阀总截面积的两倍，以保证排汽通畅。排汽管上不允许安置阀门。要定期对安全阀做手动放汽实验，以防安全阀失灵。

（2）水位表。当蒸发量大于 0.5t/h 时，汽包上应装设两个彼此独立的水位表。每个水位表的量程应大于 500mm，并使操作人员尽可能直接观察到水位的波动。水位表和汽包之间的汽水连接管内径不小于 18mm，连接管长度大于 500mm 或有弯曲时，内径应适当放大至 25 ~ 50mm，以保证水位表灵敏准确。连接管需有防冻措施，以防出现假水位。在水位表下面应有放水旋塞（或放水阀门）和连接到安全地点的放水管。水位表和汽包之间的汽水连接管道上，应避免装设阀门，如装有阀门，在运行时应将阀门全开，并予以铅封。水位表上应有指示最高、最低安全水位的明显标志。如蒸发量大于或等于 2t/h，应装设最低水位报警装置。

（3）压力表。汽包上须装设与汽包的蒸汽空间直接相通的压力表，每个汽包至少装有两个压力表。压力表极限量程应为汽包最大工作压力的 1.5 ~ 3 倍。压力表精确度不应低于 2.5 级。压力表应有存水弯管，存水弯管用铜管时，其内径不应小于 6mm，用钢管时，其内径不应小于 10mm。压力表和存水弯管之间应装有旋塞，以便吹洗管路和卸换压力表。压力表应装在便于观察和吹洗的位置。

1.8.5.5　汽包标高的确定

对于自然循环系统，汽包高度是保证循环的必要动力，不能太低。但随汽包高度的增高，上升管长度增加，阻力增大，同时投资费用相应增高，维修也不方便。因此，在确保水循环流速的条件下，汽包的标高也不宜太高。所以，把汽包的标高初设在 8m。低汽包布置由于自身的循环动压头较小，为获得足够的循环流速，必须尽量减小循环回路的系统阻力，尤其减少炉底管和上升管的阻力。

1.8.5.6　汽包位置布置

汽包一般设置在炉子的上方，偏离炉顶。如果直接安置在炉顶上，则操作条件较差。布置汽包的原则，应使上升管路短，而下降管路较长，这样上升管路的阻力小于下降管路，可保证循环始终沿正方向进行。

1.8.5.7 汽包水位的控制

汽包水位的控制通常有两种方式。一种是两位式控制，在这种控制方式中，当汽包水位低于某一值时，汽包进水阀打开，汽包水位上升；当汽包水位等于某一定值时，汽包进水阀关闭，汽包内的水汽化使水位逐渐下降。这种方式原理简单，易于实现，但控制精度差。另一种控制方式是采用 PID 控制，程序检测到当时水位值、外送蒸汽流量及当前进水流量和进水阀开度，在系统中进行 PID 运算，运算结果由 AO 通道输出 4~20mA 信号至汽包进水阀，也就是所说的三冲量控制。这种控制方法原理复杂，难于实现，但控制精度高，安全性能好。现代控制系统中引入计算机，利用软件代替调节器，使控制便于实现。

1.8.6 上升管与下降管的计算与选择

1.8.6.1 上升管的计算与选择

上升管的管子内径对循环有较大的影响。如管径太小，则汽水混合物流动受到的阻力大，循环流速小，容易造成不稳定。上升管管径也不宜过大，否则上升管中水流速很低，蒸汽从水中穿过，结果引起水循环的停滞、脉动。

上升管的管径计算式如下：

$$f_{上支} = \frac{D_{最大}}{3600\omega_{汽}\,\rho_{汽均}} \quad \text{m}^2 \tag{1-8-1}$$

$$d_{上支} = 1.13\sqrt{f_{上支}} \quad \text{m} \tag{1-8-2}$$

式中　$f_{上支}$——上升管流通面积，m^2；

$d_{上支}$——上支管内径，m；

$D_{最大}$——最大产汽量，可按有关公式计算，kg/h；

$\omega_{汽}$——上升支管蒸汽引用流速，m/s；当汽包压力为 0.5~1.3MPa 时，取 $\omega_{汽} = 2$~10m/s；当汽包压力小于 0.5MPa 时，取 $\omega_{汽} = 3$~15m/s；

$\rho_{汽均}$——汽冷元件出口处的蒸汽与汽包压力下的蒸汽平均密度，kg/m^3。

为了确定 $\rho_{汽均}$，首先应求出冷却元件出口处的压力，计算式如下：

$$P_{件} = P_{汽包} + H\rho_{水} \times 10^{-5} \quad \text{MPa} \tag{1-8-3}$$

式中　$P_{件}$——冷却元件出口处的压力，MPa；

$P_{汽包}$——汽包工作压力，MPa；

H——冷却元件出口处至汽包标准水位之间的高度，m，本次设计取 4.5m；

$\rho_{水}$——汽包工作压力下饱和水的密度，kg/m^3。

由此可以求出蒸汽平均密度，计算式如下：

$$\rho_{汽均} = \frac{1}{2}(\rho_{汽包}^{汽} + \rho_{元件}^{汽}) \quad \text{kg/m}^3 \tag{1-8-4}$$

式中　$\rho_{汽包}^{汽}$——汽包工作压力下饱和蒸汽密度，kg/m^3；

$\rho_{元件}^{汽}$——冷却元件出口处压力的饱和蒸汽密度，kg/m^3。

根据式（1-8-3）计算如下：

$$P_{件} = P_{汽包} + H\rho_{水} \times 10^{-5} = 1.1 + 4.5 \times 882.62 \times 10^{-5} = 1.14\text{MPa} \tag{1-8-5}$$

查表得

在 1.13 MPa 下 $\rho_{\overline{元件}}^{汽} = 5.8329 \text{kg/m}^3$

在 1.1 MPa 下 $\rho_{\overline{元件}}^{汽} = 5.6369 \text{kg/m}^3$

所以 $\rho_{汽均} = \dfrac{1}{2}(\rho_{汽包}^{汽} + \rho_{元件}^{汽}) = \dfrac{1}{2}(5.8329 + 5.6369) = 5.7349 \text{kg/m}^3$

又有 $D_{最大} = \dfrac{1.5 \times 6101700}{2781.21 - 63} = 3367.12 \text{kg/h}$

所以 $f_{上支} = \dfrac{D_{最大}}{3600\omega_汽\rho_{汽均}} = \dfrac{3367.12}{3600 \times 9 \times 5.7349} = 0.018 \text{m}^2$

则 $d_{上支} = 1.13\sqrt{f_{上支}} = 1.13 \times \sqrt{0.018} = 0.152 \text{m}$

1.8.6.2 下降管的计算与选择

下降管采用集管系统，下降集管的截面积（$f_{下集}$）与下降支管的截面积（$f_{下支}$）之间的关系，有如下经验公式：

$$f_{下集} = K\sum f_{下支} \quad \text{m}^2 \qquad\qquad (1\text{-}8\text{-}6)$$

式中 K——经验系数，取 $1.5 \sim 2$。

下降集管的内径，计算式如下：

$$d_{下集} = 1.13\sqrt{f_{下集}} \quad \text{m} \qquad\qquad (1\text{-}8\text{-}7)$$

下降支管的内径，计算式如下：

$$d_{下支} = 1.13\sqrt{f_{下支}} \quad \text{m}$$

为了使循环水均匀分配，在一个组件中不希望采用一根下降管，仅在各区别不大的冷却件中，才允许采用一根下降支管。同一组件中各下降管直径应该相同，下降管直径一般采用 $80 \sim 200 \text{mm}$。设计中选取下降管内径为 85mm，即有 $d_{下支} = 0.085 \text{m}$。

所以，由下式可得

$$f_{下支} = \left(\dfrac{d_{下支}}{1.13}\right)^2 = \left(\dfrac{0.085}{1.13}\right)^2 = 5.658 \times 10^{-3} \text{m}^2$$

$$f_{下集} = K\sum f_{下支} = 1.5 \times 6 \times 5.658 \times 10^{-3} = 0.0509 \text{m}^2$$

$$d_{下集} = 1.13\sqrt{f_{下集}} = 1.13 \times \sqrt{0.0509} = 0.255 \text{m} \quad 取 \ d_{下集} = 0.208 \text{m}$$

1.8.6.3 上升管与下降管之间的关系

根据实践经验，上升管和下降管的管径之比，一般按 $1.3 \sim 2$ 考虑，根据选得管径的关系可以看出其是符合实际的。

下降管与上升管在汽包上的接口应相互错开，在汽包同一侧面的同一截面上，两个接口在垂直方向之间的距离要大于 300mm，小于此距离时，其间必须装设隔板，以免相互影响。

1.8.7 上联箱与下联箱

上联箱是上升支管与上升集管之间的汽水混合物的汇集与分配的装置。

下联箱是下降集管与下降支管之间分配炉水的装置。

在低压循环系统中，上、下联箱可用直径 $200 \sim 350 \text{mm}$ 的无缝钢管制作。联箱上的支管接口应均匀分布在同一方向的同一水平面上。联箱上的支管接口与集管接口应成90°布置。如果联箱长度超过3m以上或冷却元件热负荷不均匀时,可将各冷却元件分组,即联箱分段,以改善循环水分配的不均匀性。

1.8.8 排污装置

排污通常有连续排污和定期排污两种。连续排污管在正常水位下80~100mm,其直径通常为30~50mm。定期排污管应装在汽包最低部位,其直径通常为40~50mm。由于汽化冷却系统配管不像锅炉那样均匀,故水流不稳定而使连续排污效果较差,目前很少采用。另外,有些工厂不采用汽包排污,而是将排污管装在冷却元件上,由此进行定期排污。

1.8.9 供水和炉水的水质要求

汽化冷却要求使用软化水,在重要的冷却元件上应使用经过除氧以后的软水。汽化冷却系统应按规定进行排污,使汽包水的含盐量和碱度符合要求。一般情况下,汽化冷却系统对给水和炉水的水质要求见表1-8-2。

表1-8-2 给水和炉水的水质要求

给 水 品 质				炉 水 品 质	
总硬/mol·L^{-1}	含氧/mg·L^{-1}	含油/mg·L^{-1}	pH 值	碱度/mmol·L^{-1}	含盐量/mg·L^{-1}
<0.1	<0.1	<5	7~8.5	<14	<5000

1.9 自然水循环计算

1.9.1 基本概念

由于只有冷却元件是受热的,当冷却件受热时,一部分水要变为蒸汽产生汽水混合物,汽水混合物的密度小于下降管水的密度,因此产生上升推动力,这一推动力称为流动压头,又称运动头。在此运动头的作用下,水不断地由汽包进入下降管,由下降管进入汽化冷却件产生汽水混合物,经上升管进入汽包,这就称为水的自然循环(如图1-9-1所示)。

汽化冷却系统的计算,首先应合理地选择循环回路,恰当地布置汽包、下降管、上升管以及上、下联箱等,然后通过计算得到水循环的有关参数以确定水循环的可靠性。

1.9.2 计算步骤

首先要确定循环回路的热负荷,再假定三个循环倍率,并算出三个倍率的下列各值:下降管的阻力损失、沸腾点高度、运动头、冷却件及上升管的阻力损失、有效压头。以循环流量为横坐标,下降管阻力损失为纵坐标,作出下降管阻力特性曲线。以循环流量为横坐标,有效压头为纵坐标,作出有效压头的特性曲线。由此得出实际循环流量,从而算出循环倍率及有关特性参数。

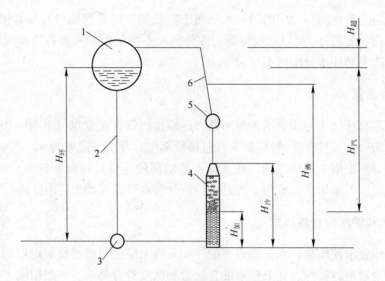

图 1-9-1　自然循环回路示意图

1—汽包；2—下降管；3—下联箱；4—汽化冷却件；5—上联箱；6—上升管

1.9.3　具体计算过程与结果

1.9.3.1　循环倍率（K）

进入上升管的水量称为循环水量（G），循环水量中只有部分变为蒸汽（D），G 与 D 之比值称为循环回路的循环倍率（K），计算式如下：

$$K = \frac{G}{D} \tag{1-9-1}$$

式中　　K——循环倍率；

　　　　G——循环水量，kg/h；

　　　　D——循环回路中产生的蒸汽量，kg/h。

K 的最小值：对于管式汽化冷却件 $K>25$；对于箱式汽化冷却件 $K>40$。

在进行自然水循环计算时，首先假设三个循环倍率进行计算，之后算出实际流量再确定具体值。以下计算过程均是假定循环倍率为 40 时的值，其他两个假定值 25 和 100 的计算过程同理可推，计算数值详见表 1-9-1 和表 1-9-2。

1.9.3.2　下降管的流速（$W_下$）和流动阻力损失（$\Delta P_下$）的计算

下降管的流速根据循环线路的高度 $H_环$（由汽包正常水位面至冷却件的最低点或下联箱中心线的垂直距离）决定。

设计中选的回路为单独上升，集中下降，所以计算下降管的流速和阻力时应对下降集管和下降支管的流速和流动阻力分别进行计算。

（1）下降集管中流速和流动阻力损失的计算。

管中只有水的流动，流速按下式计算：

$$W_{下集} = \frac{G}{3600\rho' \frac{\pi}{4}d_{下集}^2} \tag{1-9-2}$$

$$= \frac{116726.8}{3600 \times 882.62 \times \frac{\pi}{4} \times 0.208^2} = 1.1 \text{m/s}$$

流动阻力损失按下式计算：

$$\Delta P_{下集} = \left(\sum \zeta + \frac{\lambda}{d_{下集}} l_{下集} \right) \frac{\rho'}{2} W_{下集}^2$$

$$= \left(1 + \frac{0.0196}{0.208} \times 13.5 \right) \times \frac{882.62}{2} \times 1.1^2 = 1213.3 \text{Pa}$$

式中　$W_{下集}$——下降集管的流速，m/s；

　　　$\Delta P_{下集}$——下降集管的流动阻力损失，Pa；

　　　$\sum \zeta$——局部阻力系数之和，可查表得到；

　　　λ——摩擦系数，可查表得到；

　　　$d_{下集}$——下降集管的管径，m；

　　　$l_{下集}$——下降集管的几何长度，m；

　　　ρ'——饱和水的密度，kg/m³；

　　　G——循环水量，kg/h。

（2）下降支管中流速和流动阻力损失的计算。

由于下降支管中的工质也为单相的水，则下降支管的流速按下式计算：

$$W_{下支} = \frac{G}{3600 \rho' n_{下支} \frac{\pi}{4} d_{下支}^2} \tag{1-9-3}$$

$$= \frac{116726.8}{3600 \times 882.62 \times 4 \times \frac{\pi}{4} \times 0.085^2} = 1.6 \text{m/s}$$

流动阻力按下式计算：

$$\Delta P_{下支} = \left(\sum \zeta + \frac{\lambda}{d_{下支}} l_{下支} \right) \frac{\rho'}{2} W_{下支}^2$$

$$= \left(2.3 + \frac{0.0258}{0.085} \times 2.15 \right) \times \frac{882.62}{2} \times 1.7^2 = 3335.7 \text{Pa}$$

式中　$W_{下支}$——下降支管的流速，m/s；

　　　$d_{下支}$——下降支管的管径，m；

　　　$\Delta P_{下支}$——下降支管的流动阻力损失，Pa；

　　　$l_{下支}$——下降支管的几何长度，m。

（3）下降管中总的流动阻力损失的计算。

下降管中总的阻力损失为下降集管的流动阻力损失与下降支管的流动阻力损失之和，计算式如下：

$$\Delta P_下 = \Delta P_{下集} + \Delta P_{下支}$$

$$= 1213.3 + 3335.7 = 4549 \text{Pa}$$

式中　$\Delta P_下$——下降管中总的流动阻力损失，Pa。

1.9.3.3　水的沸腾点高度 $H_{加}$ 或长度的计算

汽化冷却件中的蒸汽含量是变化的，它随着受热段高度或长度方向的增加而增加。

在开始的一段高度或长度方向上不产生蒸汽，其所吸收的热量是用来把循环水加热到饱和温度（相当于冷却件内压力下的饱和温度），这段管的高度或长度称为水的加热段的高度或长度，又称为沸腾点的高度或长度。在此加热段后蒸汽才逐渐增加，这段称为含汽段。

有时由于循环线路很高，循环流量大，冷却件的热负荷低，有可能在冷却件中不产生蒸汽。此时蒸汽在冷却件出口以后的上升管中随着循环流量的上升，压力逐渐降低而不断产生的。

（1）在冷却件中已开始沸腾时，$H_{加}$ 的计算式如下：

$$H_{加} = \frac{\dfrac{\Delta i}{\Delta P} \rho' \left(H_{环} - \dfrac{\Delta P_{下}}{9.8\rho'} \right) \times 10^{-5} + \dfrac{i' - i_{给}}{K}}{\dfrac{Q}{GH_{冷}} + \rho' \dfrac{\Delta i}{\Delta P} \times 10^{-5}} \qquad (1\text{-}9\text{-}4)$$

$$= \frac{172.9 \times 882.62 \times \left(7.2 - \dfrac{4549}{9.8 \times 882.62} \right) \times 10^{-5} + \dfrac{781.35 - 63}{40}}{\dfrac{9318963.02}{116726.8 \times 3} + 882.62 \times 172.9 \times 10^{-5}} = 1\,\mathrm{m}$$

式中　$H_{加}$——汽化冷却件加热段的高度，m；

　　　$\dfrac{\Delta i}{\Delta P}$——汽包中压力由 P 增加到 $P+0.1\mathrm{MPa}$ 压力时，饱和水热焓的增加（汽化潜热的增加量）kJ/（kg·MPa）；

　　　$H_{环}$——循环线路高度，m；

　　　$\Delta P_{下}$——下降管阻力损失，Pa；

　　　i'——饱和水的热焓，kJ/kg；

　　　$i_{给}$——进入汽包的给水热焓，kJ/kg；

　　　$H_{冷}$——冷却件的高度或长度，m。

（2）在冷却件出口后才沸腾时，$H_{沸}$ 的计算式如下：

$$i_{沸} = i' + \frac{Q}{G}$$

式中　$i_{沸}$——在上升管中开始沸腾处饱和水的热焓，kJ/kg；

根据 $i_{沸}$ 由蒸汽表查出相应的饱和压力 $P_{沸}$，再按下式求出沸腾点高度 $H_{沸}$，计算式如下：

$$H_{沸} = H_{环} - \left[100(P_{沸} - P) + \Delta P_{下} \times 10^{-4} \right] \ \mathrm{m}$$

式中　$H_{沸}$——上升管中循环水开始沸腾点的高度，m；

　　　$P_{沸}$——相当于沸腾热焓下的饱和压力，MPa；

　　　P——汽包中的饱和压力，MPa。

由于当循环倍率为 40 时，在冷却件内已经沸腾，故 $H_{沸}$ 不用计算；假设循环倍率为 100 时计算的 $H_{沸}$，具体数值详见表 1-9-2。

1.9.3.4 汽化冷却件出口处的蒸汽量（$D_{件出}$）的计算

汽化冷却件出口处的蒸汽量（$D_{件出}$）的计算公式如下：

$$D_{件出} = \frac{Q}{R}\left[\frac{H_冷 - H_加}{H_冷} + \left(1 - \frac{H - H_加}{H_冷}\right)\frac{H_冷 - H_加}{H_环 - H_加}\right] \tag{1-9-5}$$

$$= \frac{9318963.02}{1981.56}\left[\frac{3-2.1}{3} + \left(1 - \frac{3-2.1}{3}\right)\frac{3-2.1}{7.2-2.1}\right] = 1541.66\text{kg/h}$$

式中　$D_{件出}$——汽化冷却件的出口处的蒸汽量，kg/h；

　　　R——水的汽化热，kJ/kg；

　　　$H_冷$——冷却件的高度或长度，m。

1.9.3.5 运动头（S）计算

（1）从沸腾点到冷却件出口的运动头（S_1）。

首先计算平均蒸汽量，计算式如下：

$$D_平 = \frac{1}{2}D_{件出}$$

$$= \frac{1}{2} \times 1541.66 = 770.83\text{kg/h}$$

从沸腾点到冷却件出口的运动头（S_1）的计算式如下：

$$S_1 = 7.84\rho'(H_冷 - H_加)\frac{D_平\rho'}{G\rho'' + D_平\rho'} \tag{1-9-6}$$

$$= 7.84 \times 882.62 \times (3-2.1) \times \frac{770.35 \times 882.62}{116726.8 \times 5.5329 + 770.83 \times 882.62} = 3112.7\text{Pa}$$

式中　$D_平$——平均蒸汽量，kg/h；

　　　ρ''——饱和蒸汽密度，kg/m³。

（2）冷却件出口到汽包正常水位的运动头（S_2）。

首先计算平均蒸汽量，计算式如下：

$$D_平 = \frac{1}{2}(D + D_{件出}) \tag{1-9-7}$$

$$= \frac{1}{2} \times (2918.17 + 1541.66) = 2229.9\text{kg/h}$$

计算含汽段的高度，计算式如下：

$$H_汽 = H_环 - H_加$$

$$= 7.2 - 2.1 = 5.1\text{m}$$

冷却件出口到汽包正常水位的运动头（S_2），计算式如下：

$$S_2 = 7.84\rho'(H_环 - H_加)\frac{D_平\rho'}{G\rho'' + D_平\rho'} \tag{1-9-8}$$

$$= 7.84 \times 882.62 \times (7.2-1) \times \frac{3279.585 \times 882.62}{116726.8 \times 5.5329 + 3279.585 \times 882.62} = 37651.93\text{Pa}$$

式中　$H_汽$——含汽段高度，m。

（3）总运动头（S）。

总运动头（S）的计算式如下：

$$S = S_1 + S_2$$
$$= 9871.68 + 37651.93 = 47523.61\text{Pa}$$

式中　S——回路中的总运动头，Pa；

　　　S_1——从沸腾点到冷却件出口的运动头，Pa；

　　　S_2——冷却件出口到汽包正常水位的运动头，Pa。

1.9.3.6　上升管阻力损失（$\Delta P_{上总}$）的计算

（1）冷却件内的阻力损失（$\Delta P_{冷}$）。

1）水段阻力损失（$\Delta P_{冷水}$）。首先计算冷却件内的流速，计算式如下：

$$W_{冷} = \frac{G}{3600 \times 10\rho' \frac{\pi}{4}d_{当}^2} \tag{1-9-9}$$

$$= \frac{116726.8}{3600 \times 10 \times 882.62 \times \frac{\pi}{4} \times 0.118^2} = 0.336\text{m/s}$$

则水段阻力损失（$\Delta P_{冷水}$），计算式如下：

$$\Delta P_{冷水} = \frac{\lambda}{d_{当}}l_{水}\frac{\rho'}{2}W_{冷}^2$$

$$= \frac{0.019}{0.188} \times 1 \times \frac{882.62}{2} \times 0.336^2 = 8.03\text{Pa}$$

式中　$W_{冷}$——冷却件内的流速，m/s；

　　　$d_{当}$——当量直径，m；

　　　λ——摩擦系数；

　　　$l_{水}$——水段长度，$l_{水} = H_{加}$，m。

2）含汽段阻力损失（$\Delta P_{冷气}$）。计算式如下：

$$\Delta P_{冷气} = \frac{\lambda}{d_{当}}l_{水}\frac{\rho'}{2}W^2\left(1 + \frac{1.15D_{平}\rho'}{G\rho''}\right) \tag{1-9-10}$$

$$= \frac{0.019}{0.118} \times 1 \times \frac{882.62}{2} \times 0.336^2 \times \left(1 + \frac{1.15 \times 3279.585 \times 882.62}{116726.8 \times 5.5329}\right) = 47.27\text{Pa}$$

3）冷却件总阻力损失（$\Delta P_{冷}$）。计算式如下：

$$\Delta P_{冷} = \Delta P_{冷水} + \Delta P_{冷汽}$$
$$= 8.03 + 47.27 = 55.3\text{Pa}$$

（2）上升支管阻力损失（$\Delta P_{上支}$）。

1）水段阻力损失（$\Delta P_{上支水}$）。首先计算上升支管中的流速，计算式如下：

$$W_{上支} = \frac{G}{3600 \times 4\rho' \frac{\pi}{4}d_{上支}^2} \tag{1-9-11}$$

$$= \frac{116726.8}{3600 \times 4 \times 882.62 \times \frac{\pi}{4} \times 0.152^2} = 0.51 \text{m/s}$$

式中　$W_{上支}$——上升支管中工质的流速，m/s；

$\quad\quad d_{上支}$——上升支管的管径，m。

由于在冷却件中已经沸腾，故在上升支管中考虑含汽段的阻力损失。

2）含汽段阻力损失（$\Delta P_{上支汽}$）。计算式如下：

$$\Delta P_{上支汽} = \left(\sum \zeta + \frac{\lambda}{d_{上支}} l_{上支} \right) \frac{\rho'}{2} W_{上支}^2 \left(1 + \frac{1.15 D_{平}\, \rho'}{G \rho''} \right)$$

$$= \left(2.2 + \frac{0.025}{0.152} \times 10 \right) \times \frac{882.62}{2} \times 0.51^2 \times \left(1 + \frac{1.15 \times 3641 \times 882.62}{116726.8 \times 5.8329} \right) = 2836.772 \text{Pa}$$

3）总阻力损失（$\Delta P_{上支}$）。计算式如下：

$$\Delta P_{上支} = \Delta P_{上支水} + \Delta P_{上支汽} = 2836.772 \text{Pa}$$

（3）上升管超水位损失（$\Delta P_{超}$）。

首先计算进入汽包时汽水混合物的密度（$\rho_{混}$），计算式如下：

$$\rho_{混} = \rho' \left(\frac{G \rho'' + 0.2 D \rho'}{G \rho'' + D \rho'} \right) \tag{1-9-12}$$

$$= 882.62 \times \left(\frac{116726.8 \times 5.8329 + 0.2 \times 2918.17 \times 882.62}{116726.8 \times 5.8329 + 2918.17 \times 882.62} \right) = 324.15 \text{kg/m}^3$$

上升管超水位损失（$\Delta P_{超}$）的计算式如下：

$$\Delta P_{超} = H_{超} \rho_{混} \times 9.8 = 0.4 \times 324.15 \times 9.8 = 1270.67 \text{Pa}$$

式中　$\rho_{混}$——汽水混合物密度，kg/m^3；

$\quad\quad H_{超}$——由汽包正常水面到进入汽包蒸汽空间的上升管中心的垂直距离，m。

（4）上升管总阻力损失（$\Delta P_{上总}$）。

上升管总阻力损失（$\Delta P_{上总}$）的计算式如下：

$$\Delta P_{上总} = \Delta P_{冷} + \Delta P_{上支} + \Delta P_{超} = 55.3 + 2836.772 + 1270.67 = 4162.7 \text{Pa}$$

式中　$\Delta P_{冷}$——冷却件内部阻力损失，Pa；

$\quad\quad \Delta P_{上支}$——上升支管中的阻力损失，Pa；

$\quad\quad \Delta P_{超}$——上升管超水位损失，Pa。

1.9.3.7　有效压头（$P_{有}$）的计算

有效压头（$P_{有}$）的计算式如下：

$$P_{有} = S - (\Delta P_{冷} + \Delta P_{上支} + \Delta P_{超}) = 47523.61 - 4162.7 = 43360.91 \text{Pa}$$

1.9.3.8　冷却件出口处容积含汽率（β）

冷却件出口处容积含汽率（β）的计算式如下：

$$\beta = \frac{1}{1 + \frac{\rho''}{\rho'} \left(\frac{G}{D_{件}} - 1 \right)} \tag{1-9-13}$$

式中　β——冷却件出口处的容积含汽率，%，汽化冷却件出口处 β 的数值应取75%以下。

1.9.3.9　自由水面与循环倒流

自由水面是指组成同一回路的并列工作的冷却件。如果有的受热很强，有的很弱，受热强的冷却件产生的蒸汽多，运动头大，循环流量大于平均流量；受热弱的冷却件产生的蒸汽少，运动头也小，循环流量将小于平均计算值，甚至有可能循环流速接近于零，冷却件中的水几乎静止不动，这种现象称为循环停滞。

当循环停滞时就会产生自由水面（只有上升管引入汽包蒸汽空间时，才会有产生自由水面的可能）。当自由水面产生于冷却件的受热部位时冷却件即可能被烧坏，所以不允许在受热部位产生自由水面。

但在汽化冷却系统中，从冷却件出口到汽包正常水位面往往还有一段较大的高度，因此在冷却件中产生自由水面，一般来说可能性不大。

循环倒流是指在同一个回路并列工作的冷却件中受热弱的，在某些情况下会发生向下流的现象，这称为循环倒流。

循环倒流是不允许的，当有上联箱时，受热很弱的冷却件中，就会发生循环倒流的可能。但在没有上联箱的单独回路里，在上升管引入汽包蒸汽空间时，不可能发生倒流。

要防止自由水面和倒流的发生，组成同一回路的各冷却件热负荷要基本相同，管路的阻力特性也要基本一致。受热弱的冷却件应单独作一回路，并把上升管引入汽包蒸汽空间。

1.9.4　具体计算各值汇总

具体计算各值汇总见表 1-9-1 和表 1-9-2。

表 1-9-1　基本数据

序号	名　　称	符号	计算公式或数据来源	结果
1	汽包运行压力/MPa	P	已知	1.1
2	饱和蒸汽热焓/kJ·kg⁻¹	i''	查表	2781.21
3	饱和水的热焓/kJ·kg⁻¹	i'	查表	781.35
4	饱和水的密度/kg·m⁻³	ρ'	查表	882.62
5	进汽包的给水温度/℃	t	已知	150
6	汽化冷却件的蒸汽产量/kg·h⁻¹	D	$D = \dfrac{K \sum Q_{均}}{i'' - i_{gs}}$	2918.17
7	汽化冷却件热负荷/kJ·h⁻¹	Q	$Q = 1.15D(i_{汽} - i_{给水})$	9318963.02
8	由 1.1MPa 压力增至 1.2MPa 压力饱和水热焓量的增加/kJ·(kg·MPa)⁻¹	$\dfrac{\Delta i}{\Delta P}$	$\dfrac{\Delta i}{\Delta P} = 17.29/0.1$	172.9
9	炉底横管管径/m		$\phi 160 \times 20$	0.120
10	炉底横管间距/m			2.5
11	炉底横管数量/个			8
12	炉底纵管管径/m		$\phi 140 \times 16$	0.108
13	炉底纵管间距/m			0.7
14	炉底纵管数量/个			2

序号	名 称	符号	计算公式或数据来源	结果
15	冷却件高度/m	$H_冷$		3
16	循环线路高/m	$H_环$		7.2
17	上升管超过正常水位高/m	$H_超$		0.4
18	下降集管管径/m	$d_{下集}$	$\phi220\times6$	0.208
19	下降集管几何长度/m	$l_{下集}$		13.5
20	下降集管数量/个	$n_{下集}$		1
21	下降支管管径/m	$d_{下支}$	$\phi93\times4$	0.085
22	下降支管几何长度/m	$l_{下支}$		2.15
23	下降支管数量/个	$n_{下支}$		4
24	上升支管管径/m	$d_{上支}$	$\phi162\times5$	0.152
25	上升支管几何长度/m	$l_{上支}$		10
26	上升支管个数/个	$n_{上支}$		4
27	冷却件中的汽化潜热/kJ·kg^{-1}	R		1981.56

表 1-9-2 计算数据

序号	名 称	符号	计算公式或数据来源	结果		
1	循环倍率	K	假定	25	40	100
2	冷却件所产生蒸汽量 /kg·h^{-1}	D		2918.17	2918.17	2918.17
3	循环流量/kg·h^{-1}	G	$G=KD$	72954.25	116726.8	291817
4	下降管阻力计算					
	（1）下降集管阻力计算/Pa					
	局部阻力系数之和	$\sum\zeta$	$\sum\zeta = \zeta_{下集} + \zeta_弯$	1	1	1
	摩擦阻力系数	λ	查表	0.0196	0.0196	0.0196
	流速/m·s^{-1}	$W_{下集}$	$W_{下集} = \dfrac{G}{3600\rho' \dfrac{\pi}{4}d^2_{下集}}$	0.7	1.1	2.7
	阻力损失/Pa	$\Delta P_{下集}$	$\Delta P_{下集} = \left(\sum\zeta + \dfrac{\lambda}{d_{下集}}\right)\dfrac{\rho'}{2}W^2_{下集}$	491.3	1213.3	7309.7
	（2）下降支管阻力计算/Pa					
	局部阻力系数之和	$\sum\zeta$	$\sum\zeta = \zeta_{下集} + \zeta_弯 + \zeta_阀 + \zeta_{下支}$	2.3	2.3	2.3
	摩擦阻力系数	λ		0.0258	0.0258	0.0258
	流速/m·s^{-1}	$W_{下支}$	$W_{下支} = \dfrac{G}{3600\times4\rho'\dfrac{\pi}{4}d^2_{下支}}$	1.1	1.6	4.1

序号	名　称	符号	计算公式或数据来源	结　果		
4	阻力损失/Pa	$\Delta P_{下支}$	$\Delta P = \left(\sum \zeta + \dfrac{\lambda}{d_{下支}} l_{下支}\right) \dfrac{\rho'}{2} W_{下支}^2$	1303	3335.7	21903.5
	（3）下降管总阻力损失/Pa	$\Delta P_{下}$	$\Delta P_{下} = \Delta P_{下集} + \Delta P_{下支}$	1794.3	4549	29213.2
5	沸腾点高度计算					
	（1）在冷却件内已开始沸腾/m	$H_{加}$	$H_{加} = \dfrac{\dfrac{\Delta t}{\Delta P} \rho'\left(H_{环} - \dfrac{\Delta P_{下}}{9.8\rho'}\right) \times 10^{-5} + \dfrac{i' - i_{给}}{K}}{\dfrac{Q}{GH_{冷}} + \rho \dfrac{\Delta i}{\Delta P} \times 10^{-5}}$	1.4	1	不沸腾
	（2）上升管中的沸腾计算					
	沸腾点的热焓量/kJ·kg^{-1}	$i_{沸}$	$i_{沸} = i' + \dfrac{Q}{D}$		813.25	
	相应于 $i_{沸}$ 的饱和压力/Pa	$P_{沸}$			1.4	
	沸腾点的高度/m	$H_{沸}$	$H_{沸} = H_{环} - \left[100(P_{沸} - P) + \Delta P_{下} \times 10^{-4}\right]$		3.6	
6	汽化冷却件出口处蒸汽量/kg·h^{-1}	$D_{件出}$	$D_{件出} = \dfrac{Q}{R}\left[\dfrac{H_{冷} - H_{加}}{H_{冷}} + \left(1 - \dfrac{H_{冷} - H_{加}}{H_{冷}}\right)\dfrac{H_{冷} - H_{加}}{H_{环} - H_{加}}\right]$	3265	3641	0
7	运动头计算/Pa					
	（1）从沸腾点到冷却件出口的运动头/Pa	S_1				
	平均蒸汽量/kg·h^{-1}	$D_{平}$	$D_{平} = \dfrac{1}{2}D_{件出}$	1632.5	1820.5	
	饱和蒸汽密度/kg·m^{-3}	ρ'		5.8329	5.8329	
	运动头/Pa	S_1	$S_1 = 7.84\rho'(H_{冷} - H_{加})\dfrac{D_{平}\rho'}{G\rho'' + D_{平}\rho'}$	10810.91	9871.68	
	（2）冷却件出口到汽包正常水位运动头/Pa	S_2				
	平均蒸汽量/kg·h^{-1}	$D_{平}$	$D_{平} = \dfrac{1}{2}(D + D_{件出})$	3091.585	3279.585	1459.085
	含汽段高度/m	$H_{汽}$	$H_{汽} = H_{环} - H_{加}$	5.8	6.2	3.6
	运动头/Pa	S_2	$S_2 = 7.84\sum \rho'(H_{环} - H_{加})\dfrac{D_{平}\rho'}{G\rho'' + D_{平}\rho'}$	39591.44	37651.93	11053.19

序号	名　称	符号	计算公式或数据来源	结　果		
	（3）总运动头/Pa	S	$S = S_1 + S_2$	50402.35	47523.61	11053.19
8	上升管阻力损失					
	（1）冷却件内的阻力损失/Pa	ΔP				
	冷却件的当量直径/m	$d_当$		0.118	0.118	0.118
	摩擦系数	λ	查表	0.019	0.019	0.019
	水段的阻力损失/Pa	$\Delta P_{冷水}$				
	水段的几何长度/m	$l_水$	$l_水 = H_加$	1.4	1	3
	流速/m·s⁻¹	$W_冷$	$W_冷 = \dfrac{G}{3600 \times 6\rho' \frac{\pi}{4} d_当^2}$	0.21	0.336	0.84
	阻力损失/Pa	$\Delta P_{冷水}$	$\Delta P_{冷水} = \dfrac{\lambda}{d_当} l_水 \dfrac{\rho'}{2} W_冷^2$	4.39	8.03	150.50
	含汽段阻力损失/Pa	$\Delta P_{冷汽}$	$\Delta P_{冷汽} = \dfrac{\lambda}{d_当} l_水 \dfrac{\rho'}{2} W_冷^2 \left(1 + \dfrac{1.15 D_平 \rho'}{G \rho''}\right)$	36.76	42.27	0
	冷却件总阻力损失/Pa	$\Delta P_冷$	$\Delta P = \Delta P_{冷水} + \Delta P_{冷气}$	41.15	55.3	150.50
	（2）上升支管阻力损失/Pa					
	局部阻力系数	$\sum \zeta$		2.2	2.2	2.2
	摩擦系数	λ		0.025	0.025	0.025
	流速/m·s⁻¹	$W_{上支}$	$W_{上支} = \dfrac{G}{3600 \times 6\rho' \frac{\pi}{4} d_{上支}^2}$	0.32	0.51	1.27
	水段阻力损失/Pa	$\Delta P_{上支水}$	$\Delta P_{上支水} = \left(\sum \zeta + \dfrac{\lambda}{d_{上支}} l_{上支}\right) \dfrac{\rho'}{2} W_{上支}^2$	0	0	2736.64
	含汽段阻力损失/Pa	$\Delta P_{上支汽}$	$\Delta P_{上支汽} = \left(\sum \zeta + \dfrac{\lambda}{d_{上支}} l_{上支}\right) \dfrac{\rho'}{2} W_{上支}^2 \times \left(1 + \dfrac{1.15 D_平 \rho'}{G \rho''}\right)$			
	平均蒸汽量/kg·h⁻¹	$D_平$	$D_平 = D_{件出}$	3265	3641	
	阻力损失/Pa	$\Delta P_{上支汽}$		1526.845	2836.772	2736.64
	总阻力损失/Pa	$\Delta P_{上支}$	$\Delta P_{上支} = \Delta P_{上支水} + \Delta P_{上支汽}$	1526.845	2836.772	2736.64
	（3）上升管超水位损失/Pa					
	进入汽包时汽水混合物的密度/kg·m⁻³	$\rho_混$	$\rho_混 = \rho'\left(\dfrac{G\rho'' + 0.2D\rho'}{G\rho'' + D\rho'}\right)$	276.64	324.15	457.48

序号	名　称	符号	计算公式或数据来源	结　果		
	超水位损失/Pa	$\Delta P_{超}$	$\Delta P_{超} = H_{超} \rho_{混} \times 9.8$	1084.9	1270.67	1793.32
8	（4）上升管总阻力损失/Pa	$\Delta P_{上总}$	$\Delta P_{上总} = \Delta P_{冷} + \Delta P_{上支} + \Delta P_{超}$	2652.895	4162.7	4680.46
9	有效压头计算/Pa	$P_{有}$	$P_{有} = S - \Delta P_{上总}$	47749.46	43360.91	6372.73
10	实际循环流量/kg·h^{-1}	G		115000		
11	循环倍率	K	$K = \dfrac{G}{D}$	39.4		
12	冷却件出口处实际含汽率/%	β	$\beta = \dfrac{1}{1 + \dfrac{\rho''}{\rho'}\left(\dfrac{G}{D_{出}}\right)}$	0.68<0.75 合适		

1.9.5　循环可靠性的校验

　　汽化冷却装置的运行是否安全可靠不仅直接影响蒸汽的产生，更重要的是影响加热炉的生产和安全，因此保证安全可靠是十分重要的。

　　在汽化冷却装置中，只有炉底管受热，其热强度较大，又是水平布置，因此炉底管的冷却是整个装置安全可靠最重要的一环。实际运行中，汽化冷却装置的故障以炉底管的烧坏占多数，其次是循环管道的振动，这些都是炉底管中循环流速不正常引起的。

　　所谓流动不正常就是出现循环停滞、倒转、汽水分层等现象。设计中最主要的就是防止汽水分层的现象。试验证明，当循环流速超过某一数值时，管子圆周的传热将由不均匀传热变为均匀传热，从而避免过热引起的汽水分层。这一循环流速称为临界流速，为了防止水平管中沉积泥渣，在额定热负荷的情况下，应力求循环流速不小于 0.4m/s。因此，实际的循环流速应大于临界流速和 0.4m/s，这对于保证汽化冷却装置的安全运行是必要的。

　　临界循环流速（$W_{临界}$）计算式如下：

$$W_{临界} = 3.28 \times 10^{-6} P^{0.25} q_n^{0.42} d^{0.75} \qquad (1\text{-}9\text{-}14)$$

式中　P——汽包工作压力，MPa；

　　　q_n——按管子内径计算的热强度，kJ/(m^2·s)；

　　　d——管子内径，m。

　　进入汽化冷却件的水速称为循环流速，循环流速（$W_{环}$）计算式如下：

$$W_{环} = \frac{G}{3600\rho' \sum f} \qquad (1\text{-}9\text{-}15)$$

$$= \frac{110890}{3600 \times 882.62 \times \dfrac{\pi}{4} \times (0.108^2 + 0.152^2 + 0.202^2)} = 0.59\text{m/s}$$

式中　$\sum f$——同一循环回路并列工作的管子或冷却件的截面积之和，m^2。

此为回路一的循环流速，以此类推，可求其他回路的循环流速。回路二的循环流速为 1.34m/s；回路三的循环流速为 1.37m/s；回路四的循环流速为 1.52m/s。

1.9.6 强度计算

受压元件的强度计算方法和许用应力选取，应按有关规定进行。

1.9.6.1 材料的许用应力

材料的许用应力 $[\sigma]$ 取下列一组公式计算所得的三个数值中的最小者：

$$[\sigma] = \frac{\sigma_b}{n_b}; \quad [\sigma] = \frac{\sigma_s^t}{n_s}; \quad [\sigma] = \frac{\sigma_D^t}{n_D} \text{ 或 } [\sigma] = \frac{\sigma_n^t}{n_n} \qquad (1\text{-}9\text{-}16)$$

式中　　　σ_b——材料常温下的最低强度限，MPa；

σ_s^t——材料工作温度下的屈服限，也可取产生残余变形 0.2% 的条件屈服限，MPa；

σ_D^t——材料工作温度下的持久限，MPa；

σ_n^t——材料工作温度下的蠕变限，MPa；

n_b，n_s，n_D，n_n——安全系数，对一般钢材 $n_b = 2.7$，$n_s = 1.6$，$n_D = 1.6$，$n_n = 1.0$。

1.9.6.2 计算壁温（$t_壁$）

计算壁温应根据在冷却元件工作压力下的饱和蒸汽温度和外部受热条件，进行传热计算，一般情况下，受热侧的壁温可取：

$$t_壁 = t_汽 + 110℃$$

即有　$t_壁 = t_汽 + 110 = 185.69 + 110 = 295.69℃$

式中　$t_汽$——在冷却元件工作压力下的饱和蒸汽温度，℃。

受热侧的壁温最低应取 250℃；不受热一侧的壁温等于在冷却元件工作压力下的饱和蒸汽温度。

1.9.7 汽化冷却件的选取

汽化冷却所用管件的选取，见表 1-9-3。

表 1-9-3　汽化冷却所用管件的选取规格及强度校核

序号	名　称	符号	计算公式或数据来源	结果
	纵水管计算			
1	钢坯长度/m	l	已知	1.3
2	钢坯宽度/mm	b	已知	70
3	钢坯厚度/mm	h	已知	70
4	钢坯单重/kg	G	$7850lbh/1000000$	50
5	钢管直径/mm	d	选取	108
6	钢管壁厚/mm	δ	选取	16
7	步距/mm	L	选取	140
8	横水管间距/mm	l_1	选取	2500

序号	名　　称	符号	计算公式或数据来源	结果
9	单管惯性矩/cm^4	I	选取	473
10	单管断面系数/cm^3	W	$I/(d/20)$	89
11	纵梁根数/个	n	选取	2
12	纵梁宽度/mm	l_2	选取	700
13	纵水管受力/kg	F	$Gl_1/[(b+L-b)/n]$	446
14	均布荷载/kg·cm^{-1}	P	$10F/l_1$	1.8
15	纵水管最大弯矩/kg·cm	$M_纵$	$Pl_1^2/(100/8)$	13952
16	钢管许用应力/MPa	$[\sigma]$		1000
17	纵水管断面系数/cm^3	$W_纵$	$M/[\sigma]$	14
18	选用 ϕ 管时的断面模数		$89>14$	满足要求
19	ϕ 管惯性矩/cm^4	$I_纵$	$I_纵 = I$	472.5
20	挠度	$f_纵$	$5P(l_1/10)^4/(384\,I\times1.7\times1000000)$	0.11308
21	检验是否 $f/l<1/500$		0.22616	满足要求
	横水管计算			
22	加热炉内宽/mm	B	$l+2C$	1700
23	横水管最大弯矩/kg·cm	$M_横$	$10F[(B-l_2)/20]^2/B$	6566
24	横水管断面系数/cm^3	$W_横$	$M_横/[\sigma]$	6.6
25	选用 ϕ 管时的断面模数		$89>6.6$	满足要求
26	ϕ 管惯性矩/cm^4	$I_横$	$I_横 = I$	472.5
27	挠度	$f_横$	$\dfrac{FB\left(\dfrac{B-l_2}{20}\right)\left(3-4\times\dfrac{B-l_2}{2B}\right)}{10\times24\times1.7\times1000000I_横}$	0.01795
28	检验是否 $f/l<1/500$		0.05279	满足要求

1.10　烟囱的设计与计算

1.10.1　烟囱的设计

　　烟囱按自然排烟设计，即不考虑余热锅炉部分的阻力，烟气由加热炉出烟口经烟道到尾部受热面，再由烟道直接连接到烟囱。

1.10.2　烟囱的计算

1.10.2.1　烟囱的设计计算式

烟囱的设计计算式如下（由《冶金加热炉设计与实例》式（2-211）得到）：

$$H = \frac{h_y + (h_1 - h_2)}{h_j\dfrac{B}{760} - \dfrac{\lambda h}{d}} \tag{1-10-1}$$

式中 h_y——烟囱有效抽力，$h_y = K\sum h$，Pa，其中 K 为抽力系数，一般取 $1.1 \sim 1.25$，但乘 K 后所增加的抽力应不超过 49Pa，以免增加投资过多，$\sum h$ 为求得的烟道总阻力损失；

h_1, h_2——分别为烟囱顶部及底部的速度头，按有关温度由《冶金加热炉设计与实例》表 2-96 查取，出口速度在标准状态下一般不低于 $2 \sim 3$m/s，否则容易倒灌，通常取 $2.5 \sim 5$m/s；

h_j——每米几何压头，Pa；按烟气平均温度和夏季最高月平均温度由《冶金加热炉设计与实例》表 2-96 查取，烟囱内温降可取：砖烟囱 1℃/m，无内衬烟囱 $3 \sim 4$℃/m，砖砌金属烟囱 $2 \sim 2.5$℃/m，混凝土烟囱 $0.1 \sim 0.3$℃/m；

B——地区大气压，kPa；

λ——烟囱内的摩擦系数，可取为 0.05；

d——烟囱的平均直径，$d = 0.5(d_1 + d_2)$，m，其中 d_1 及 d_2 分别为烟囱顶部及底部的内径，金属烟囱通常无锥度，即 $d_1 = d_2$，混凝土和砖烟囱口径大于 ϕ800mm 的平均锥度采用 $2\% \sim 3\%$，粗略计算时可取 $d_2 = 1.5d_1$；

h——烟囱内烟气的平均速度头，按平均速度和平均温度求得，Pa。

1.10.2.2 烟囱的设计计算结果

计算过程参见《工业炉设计手册》第 2 版第 10 章第 2 节。

烟囱的设计计算及数值见表 1-10-1。

表 1-10-1 烟囱的设计计算及数值

序号	项　目	代号	公　式	数值	单位
1	烟道总阻力	$\sum h$	由烟道计算	17.6	Pa
2	抽力系数	K	K 应在 $1.1 \sim 1.25$ 间选取	1.2	
3	烟囱有效抽力	h_y	$h_y = K\sum h$	21.12	Pa
4	入烟囱烟气量	V		3.62	m³/s（标态）
5	烟囱底部温度	t_2		570	℃
6	烟囱顶部温度	t_1		540	℃
7	烟囱内烟气平均温度	t	$\frac{1}{2}(t_1 + t_2)$	555	℃
8	烟囱出口速度	W_1	采用 $2.5 \sim 5$	3	m/s（标态）
9	烟囱出口直径	d_1	$1.13\sqrt{V/W_1}$	1.24	m
10	烟囱底部直径	d_2	$1.5d_1$	1.86	m
11	烟囱平均内径	d	$0.5(d_1 + d_2)$	1.55	m
12	烟囱底部流速	W_2	$\dfrac{1.27V}{d_2^2}$	1.33	m/s（标态）
13	烟囱内平均流速	W	$0.5(W_1 + W_2)$	2.16	m/s（标态）
14	顶部速度头	h_1		1.67	Pa
15	底部速度头	h_2		0.34	Pa

序号	项　目	代号	公　式	数值	单位
16	平均速度头	h		0.89	Pa
17	大气温度	t_0	按夏天最高月平均温度	20	℃
18	大气压力	B	按包头地区大气压	6.61	kPa
19	每米高度上的几何压头	h_j	$\dfrac{1.293}{\left(1+\dfrac{t_0}{273}\right)} - \dfrac{1.2227}{\left(1+\dfrac{t}{273}\right)}$	0.802	Pa
20	每米烟囱的摩擦损失	h_m	$\dfrac{\lambda h}{d}$	0.0285	Pa
21	烟囱计算高度	H	$\dfrac{h_y+(h_1-h_2)}{h_j\dfrac{B}{760}-\dfrac{\lambda}{d}h}$	32.9	m
22	采用的烟囱高度			35	m

1.11　钢　结　构

1.11.1　拱顶的质量

为了计算炉子拱顶的水平推力，先要算出拱顶的质量。两种不同的材质砌筑的双层拱顶，其质量为

$$G=\frac{\pi\varphi}{180}\left[\left(R+\frac{S_1}{2}\right)S_1\gamma_1 + \left(R+S_1+\frac{S_2}{2}\right)S_2\gamma_2\right]L \tag{1-11-1}$$

式中　　φ——炉子拱顶中心角；

　　　　R——拱顶半径，m；

　S_1，S_2——内层和外层拱顶的厚度，m；

　γ_1，γ_2——内层和外层拱顶材料的容重，kg/m³；

　　　　L——拱顶的长度，m。

炉顶采用双层砌筑，黏土砖厚 300mm，绝热砖厚 70mm，L 为 1.16m。

查得 $G=1341\times1.16=1556$kg。

注：本式来自《钢铁工业炉设计参考资料》第 13 章第 2 节。

1.11.2　钢结构计算

由于拱顶本身是一个静不定结构，加上受温度的影响，拱顶内外的温差很大，膨胀不均匀，因而拱顶内外的分布是很复杂的。为了简化计算，工程中将炉子拱顶看成是一个整体，拱顶内不存在剪力和弯矩，没有轴向变形，而只有轴向法线力。

两根侧柱之间的拱顶作用在金属侧柱上的水平推力为

$$P=9.8K_1K_2\frac{G}{2} \tag{1-11-2}$$

式中 K_1——温度系数，取 3.0；

K_2——拱顶中心角修正系数，60°拱顶取 1.866。

所以 $P = 3.0 \times 1.866 \times \dfrac{1556}{2} = 4355.2 \times 9.8\text{N}$

上拉杆所受的拉力为

$$P_1 = \frac{Ph_2}{h}$$

式中 h，h_2——侧柱高度尺寸，h_2 为 2m，h 为 1m。

所以 $P_1 = \dfrac{Ph_2}{h} = \dfrac{4355.2 \times 2.0}{2.0 + 1.0} = 2903.5 \times 9.8\text{N}$

上拉杆的断面积为

$$f_1 = \frac{P_1}{[\sigma]} = \frac{2903.5}{1200} = 2.41\text{cm}^2$$

式中 $[\sigma]$——许用应力，取 1200×9.8N/cm²。

侧柱上所受的最大弯矩为

$$M_{\text{max}'} = \frac{100Ph_1h_2}{h} = \frac{100 \times 4355.2 \times 1.0 \times 2.0}{3.0} = 290347 \times 9.8\text{N} \cdot \text{cm}$$

侧柱的断面系数为

$$W_z = \frac{M_{\text{max}}}{[\sigma]} = \frac{290347}{1200} = 241.96\text{cm}^3$$

拱脚梁所受水平方向的弯矩为

$$M_y = \frac{100PL}{8} = \frac{100 \times 4355.2 \times 1.16}{8} = 63150.4 \times 9.8\text{N} \cdot \text{cm}$$

拱脚梁水平方向的断面系数为

$$W_{Ly} = \frac{M_y}{[\sigma]} = \frac{63150.4}{1200} = 52.63\text{cm}^3$$

拱脚梁垂直方向的弯矩力为

$$M_x = 100\frac{G}{2} \times \frac{1}{8} = 100 \times \frac{1556}{2} \times \frac{1}{8} \times 9.8 = 9725 \times 9.8\text{N} \cdot \text{cm}$$

拱脚梁垂直方向的断面系数为

$$W_{Lx} = \frac{M_x}{[\sigma]} = \frac{8381.3}{1200} = 6.98\text{cm}^3$$

侧柱底板承受的侧向水平推力为

$$P_2 = \frac{Ph_1}{h} = \frac{4355.2 \times 1.0}{3.0} = 1451.7 \times 9.8\text{N}$$

侧柱底板螺栓承受的拉力为

$$P_3 = \frac{P_2}{\mu n} = \frac{1451.7}{0.4 \times 2} = 1814.7 \times 9.8\text{N}$$

式中 μ——底板与基础面之间的摩擦系数，取 0.35~0.4；

n——每根钢柱底板的地脚螺栓个数，取 2。

地螺栓的直径为

$$d = 10\sqrt{\frac{4P_3}{\pi[\sigma]}} = 10\sqrt{\frac{4 \times 1814.7}{3.14 \times 1200}} = 13.88\text{mm}$$

钢结构的计算结果见表 1-11-1。

表 1-11-1 钢结构计算结果

序号	项　目	符号	单位	计算公式	计算结果
1	拱顶的质量	G	kg	查得	1556
2	水平推力	P	N	$P = K_1K_2\dfrac{G}{2}$	4355.2×9.8
3	上拉杆所受拉力	P_1	N	$P_1 = \dfrac{Ph_2}{h}$	2903.5×9.8
4	上拉杆的断面积	f_1	cm^2	$f_1 = \dfrac{P_1}{[\sigma]}$	2.41
5	侧柱承受的最大弯矩	$M_{\max}$	N·cm	$M_{\max} = \dfrac{100Ph_1h_2}{h}$	290347×9.8
6	侧柱的断面系数	W_z	cm^3	$W_z = \dfrac{M_{\max}}{[\sigma]}$	241.96
7	拱脚梁水平方向的弯矩	M_y	N·cm	$\dfrac{100PL}{8}$	63150.4
8	拱脚梁水平方向的断面系数	W_{Ly}	cm^3	$W_{Ly} = \dfrac{M_y}{[\sigma]}$	52.63
9	拱脚梁垂直方向弯矩	M_x	N·cm	$M_x = 100\dfrac{G}{2} \times \dfrac{1}{8}$	8381.3
10	拱脚梁垂直方向的断面系数	W_{Lx}	cm^3	$W_{Lx} = \dfrac{M_x}{[\sigma]}$	6.98
11	钢柱底板承受的侧向水平推力	P_2	N	$P_2 = \dfrac{Ph_1}{h}$	1451.7
12	钢柱底板螺栓承受的拉力	P_3	N	$P_3 = \dfrac{P_2}{\mu n}$	1814.7
13	地脚螺栓的直径	d	mm	$d = 10\sqrt{\dfrac{4P_3}{\pi[\sigma]}}$	13.88

2 步进炉设计实例

步进式加热炉采用炉底步进方式对钢坯完成由装料口到出料口的加热过程。炉底采用机械装置，通过液压缸的动作来完成步进动作。采用多段供热及温控，保证钢坯生产效率及加热质量的同时，在能源控制上起到了较好的作用。通过多段加热，使燃料燃烧合理、充分，使加热各段温度控制更加合理。

本次设计的步进式加热炉用于加热 200mm×200mm×12000mm 的钢种为不锈钢的方坯，坯料的装料温度为室温，加热温度为1250℃，该加热炉额定产量为120t/h，最大产量为200t/h，采用低位发热量为5300kJ/m³（标态）的脏煤气为燃料，加热炉采用端进端出的装出料方式。

通过燃料燃烧计算、加热炉尺寸计算、热平衡计算、钢结构计算、尾部烟道计算等得出炉子的关键数据。

2.1 步进炉设计基本情况

2.1.1 步进梁式加热炉设计条件

步进梁式加热炉设计条件如下：

（1）炉型：上下两面加热的步进梁式加热炉。

（2）加热坯料的钢种及规格：

1）钢种：300 和 400 不锈钢；

2）坯料尺寸：代表规格的板坯为 200mm×200mm×12000mm，单重为 3.74t。

（3）坯料温度：

1）装料温度：室温；

2）加热温度：1250℃。

（4）加热能力：

1）额定产量：120t/h；

2）最大产量：200t/h。

（5）燃料和装出料方式：

1）脏煤气：5230～5670 kJ/m³（标态）；

2）装出料方式：端部装钢机装料，端部出钢机出料。

2.1.2 与本设计题目相关的理论知识（包括新知识）提要

（1）燃烧学知识（燃料燃烧、空气需要量的计算等）；

（2）流体力学知识（管道流动、炉气组织等）；

（3）传热学知识；

（4）材料力学的相关知识；

（5）工业炉相关知识的运用。

2.1.3　步进梁式加热炉设计的指导思想和技术决策

步进梁式加热炉采用上下多段供热，设计的指导思想和技术决策，将从各个方面贯彻和体现生产可靠、指标先进、技术实用的要求。

（1）为了适应轧机产量的变化，加热炉的能力要留有一定的余地，以适应轧机轧制厚规格时高产量的要求。因此，炉子单位面积产量需在合适的范围内。

（2）不锈钢品种规格多、产量变化大，而且炉子需要适应钢坯热装的生产操作，因此，炉子的结构以及各供热段的配备必须具有灵活的调节能力。

（3）加热坯料的规格多，炉底水梁对板坯下部加热的遮蔽较大，因此应适当加大炉子下加热的供热能力。

（4）采用大间距的步进梁立柱和双水管的纵梁结构，水冷支承梁上，在不同的温度段设置不同高度与不同材质的耐热垫块，耐热垫块左右交错布置。钢坯与水冷却梁直接接触也是造成钢坯上"黑印"的重要原因，采用一定高度的耐热垫块以后，垫块顶面的温度达到或接近钢坯的出钢温度；同时通过耐热垫块的交错布置，可进一步消除"黑印"。

（5）采用双轮斜轨式步进机构，该机构带有良好的升降框架和平移框架的定心装置，步进机构易于安装调整，维修量少，运行可靠。

（6）采用实用、可靠的干出渣装置。少量通过立柱管开孔落入水封槽内的氧化铁皮，在步进梁上升和前进的过程中，通过安装在裙式水封刀下部以及其间的刮渣板自动刮向装料端，水封槽和刮渣板在装料端方向上是逐渐向上倾斜的，槽内的氧化铁皮高于水面后形成干渣，干渣直接排入装料端辊道下方的冲渣沟内，不需要人工定期清理。

（7）供热方式与供热能力的配置以及操作制度的选取：由于轧制产品的厚度尺寸公差和表面质量的要求日益严格，对钢坯加热温度的均匀性和热钢坯表面的质量要求也不断提高，因此炉子供热方式与供热能力的配置，以及操作制度的选取，必须满足这一要求。

1）炉子采取最佳数量的温度控制段，即使均热段上下控制，二加热段上下分段控制，一加热段上下分段控制，共设有四个温度控制段，各供热段具有调节能力。

2）在炉子上部供热段之间设有压下装置，下部供热段之间设有隔墙，以便于单独调整与控制各段的温度，并有利于控制炉压。

3）在供热的分配上，各供热段配有足够的供热量，这样既能保证钢坯加热的需要，又能实现灵活的加热制度。钢坯在加热段进行充分的加热与热透，在均热段继续保温或升温，到达出钢口处达到目标出钢温度，钢坯在高温下停留时间短，这样可减少钢坯的氧化与脱碳。

4）在均热段和二加热段上加热采取炉顶低 NO_x 平焰烧嘴，这样可以降低炉膛的高度，炉顶形成一个温度均匀的辐射面，使钢坯均匀受热；而在其他加热段全部采用炉侧带中心风的低 NO_x 调焰烧嘴，该烧嘴可以调节火焰的长度并在低流量的情况下保持火焰的刚性，可以保证钢坯均匀加热的要求。该炉型结构简单、操作条件较好。

5）采用双交叉限幅的燃料燃烧控制系统，自动控制炉内的气氛减少钢坯的氧化与脱碳；同时在均热段下部和一加热段上下辅以区域脉冲控制，保证热负荷变化较大时，仍能保持更好的燃烧状态，确保加热质量。

6）配备实用、可靠、先进的电仪控系统，搞好基础自动化和热工仪表的一级控制，为保证炉区过程控制（操作自动化与物料系统的全线跟踪管理）建立扎实可靠的基础。

7）配备二级控制系统，通过数模自动完成最佳化控制，以保证加热质量，减少氧化烧损。加热炉过程计算机燃烧自动控制模型能对不同钢种，不同产量和不同装钢温度条件下的炉内钢坯温度进行准确计算，并自动对炉内温度进行设定和动态调整，实现燃烧自动控制，精确控制炉温、坯料温度及炉内气氛，以适应各种钢坯的加热制度。

（8）节能环保措施必须作为设计中的一部分考虑进设计中。采用的节能技术措施包括：

1）按节能炉型加热炉配置不供热的预热段（即所谓热回收段），以充分利用高温段烟气预热入炉的冷料，降低排烟温度；在炉型结构与供热方式上为提高热装率和热装温度创造条件。

2）在炉子烟道上设置预热器，以回收出炉烟气带走的热量，节约燃料。炉子设置空气预热器，将助燃空气预热至 $500\sim550℃$，空气预热器的形式为带插入件的金属管状预热器。

3）采用高合金的耐热垫块，适当增加垫块高度，以减少水管"黑印"，同时也达到了不因减小板坯断面温差而延长均热时间，从而减少了燃料消耗。

4）先进合理的烧嘴选型与配置，可以提高加热板坯温度均匀性，这给加热工艺按下限控制，降低单位燃料消耗创造了条件。

5）浇注料整体浇注炉顶和炉墙结构，并采用复合绝热层完善炉体绝热，减少炉体散热，改善操作环境。

6）采取合理的支承梁及其立柱的配置，力求减少水冷管的表面积，同时对支承梁及其立柱采用耐火棉毡与低水泥耐高温浇注料双层绝热结构进行包扎，以减少吸热损失；同时支承梁及其立柱采用汽化冷却。

7）合理配置炉子两侧操作及检修炉门，结构设计做到开启灵活，关闭严密，减少炉气外溢和冷风吸入的热损失。

8）配备完善的热工自动化控制系统，确保严格的空燃比，在减少热损失的同时，最大程度的减少钢坯的氧化与脱碳；采用模糊控制炉压，减少炉压波动引起的炉气外溢和冷风吸入。

9）步进机构采用节能型的液压系统，降低装机容量节约电耗。系统采用变量泵与比例阀以及配套的行程检测与控制装置，步进梁升、降、进、退及开始托起与放下钢坯时均以低速运行，实现"慢起慢停"、"轻托轻放"，以减少氧化铁皮脱落和避免由于撞击而使水冷梁的绝热层遭受破坏及擦伤炉内坯料。

2.2　步进梁式加热炉设计说明

2.2.1　步进梁式加热炉的工艺布置

步进梁式加热炉垂直于轧制跨布置在②与③柱之间，装、出料辊道中心线间距为43450mm。炉子采用推钢机装料，出钢机出料。钢坯库的吊车按生产计划将钢坯一块块地吊到炉后的板坯传送辊道上，传送辊道分段启动将钢坯平稳快速地输送到钢坯称重辊道，完成入炉板坯的测长、称重工作。炉区电控系统 PLC（必要时人工参与确认）对称重和测长数据进行确认，不合格的板坯需要吊车吊走；合格板坯输送到加热炉炉后的上料辊道上，并根据板坯的长度按钢坯入炉的布钢位置进行自动定位。

待炉内装料端空出该钢坯位置时，自动开启装料炉门，装料推钢机将板坯从装料辊道上推到炉内固定梁上，完成装钢（在推钢过程中，完成板坯宽度的照核）。然后推钢机托杆下降并退回至起始位置，装料炉门关闭。以上装料过程即可实现双排料同时装钢，也可左右单独装钢。

钢坯通过炉子步进梁的上升、水平前进、下降和水平后退运动，自装料端一步步地移送到炉子的出料端。由安装在出料端的激光检测器检测到钢坯边缘并在步进梁完成此时的步距运行后，暂停步进梁的移送动作，PLC 同时测算出等待出炉钢坯的位置。在加热炉接到轧线要钢信号后再自动开启出料炉门，由板坯出钢机托出热钢坯放置在炉外出料辊道上，再经出料辊道输送至轧线进行轧制。钢坯在炉内的前进过程中，依次经过加热炉的各供热段，按工艺要求对钢坯进行加热。炉子运行示意图如图 2-2-1 所示。

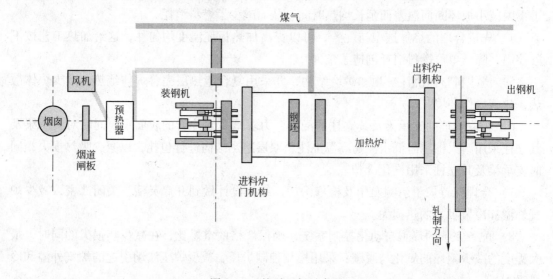

图 2-2-1　炉子运行示意图

钢坯的输送、测量、装出料、物料跟踪以及与轧机和板坯库的数据信息交换均通过PLC 和计算机系统进行顺序、定时、联锁与逻辑控制，实现操作自动化和计算机管理。

炉子采用下排烟，即炉内燃烧生成物自炉尾两侧的下降烟道，经穿过装料辊道基础的烟道进入空气预热器,再经过汇总后的烟道闸门由厂外烟囱排出,烟囱出口直径为2.9m,高度为50m。

煤气管道与车间总管相联再分别送至炉子各供热段。步进梁式加热炉配备两台助燃空气鼓风机,并联使用。

为满足炉底梁及各水冷构件的冷却需要,设置了汽化冷却和供排水系统。为了操作及检修的需要,在炉子周围、炉顶上部及烟道周围设置了相应的平台和梯子。

2.2.2 步进梁式加热炉的主要尺寸

装、出料辊道中心距 43450mm

炉子砌砖长度 41400mm

炉子有效长度 40000mm

装料辊道中心线至装料砌砖线 2900mm

出料侧砌砖线至出料辊道中心线 2900mm

炉膛内宽度 12500mm

炉子砌砖宽度 14000mm

均热段上部炉膛高度 1500mm

一加热段上部炉膛高度 1800mm

下加热炉膛高度 1900mm

2.3 步进梁式加热炉炉型及耐火材料

2.3.1 步进梁式加热炉炉型结构

炉型及烧嘴选型与配置是提高炉气和炉体对炉内加热板坯的传热效率和保证炉宽上温度分布的均匀性的前提。

炉子自装料端至出料端沿炉长分为不供热的预热段、一加热段、二加热段和均热段。炉子均热段和二加热段的上部供热采用平焰烧嘴,其优点是传热效率高,温度及炉压分布均匀,炉膛空间小,炉顶形状简单;其他各供热段均采用侧部调焰烧嘴,这样炉型结构简单,下部深度较浅,热效率高,同时操作条件较好。

炉底机械采用液压驱动的双层框架、双轮斜轨式结构,并设有定心装置,防止炉内板坯在运行中跑偏。

2.3.2 步进梁式加热炉用耐火材料及其性能

炉子采用不同材质和牌号的复合结构并整体施工的内衬,具有良好的耐高温剥落性和绝热性,提高炉衬的寿命、保证加热炉长期稳定工作,改善加热炉区域的操作环境温度同时,并使炉壁温度符合国家标准。

炉衬材料选择方式为:最靠近炉膛内部的材料选择耐热能力高,隔热能力相对较小的材料;随着远离炉膛,选择的耐材隔热性相对较高,耐热能力相对较小。在每种耐材选择中,隔热性是其选择的重要指标,具体可参见《工业炉设计手册》第8章。

炉子砌筑材料的选取见表 2-3-1。

表 2-3-1　炉子砌筑材料

砌筑部位	材 料 名 称 及 牌 号	厚度/mm
炉　底	高铝砖　LZ-55（主要性能见《冶金加热炉设计与实例》2.6.1 节）	116
	黏土砖　N-1	68
	轻质黏土砖　NG-1.0	136
	轻质黏土砖　NG-0.6	136
	绝热板（$\gamma = 220 kg/m^3$）	50
	硅酸铝纤维毡	10
	总厚度	516
炉　墙	致密高铝浇注料	284
	轻质黏土砖　NG-1.0	116
	硅酸铝纤维绝热板	60
	绝热板	60
	总厚度	520
炉　顶	致密高铝浇注料	230
	硅酸铝纤维毡　RT	30
	纤维浇注料　0.6	70
	总厚度	330

2.4　步进梁式加热炉各机构说明

2.4.1　炉子钢结构

炉子钢结构是普碳钢板和型钢焊接件，它分为三个主要部分：

（1）炉底钢结构。它由 8mm 厚的炉底铺板和大型工槽钢的横梁及立柱组成，用以安装和支撑炉子支承梁和炉子砌体，考虑到炉底横梁的制作安装对保证炉子固定梁安装的平面度至为重要，以及在炉底钢结构下部要安装的步进梁立柱会穿过炉底的开孔与裙式水封刀及其刮渣板，它们与水封槽的制作有一定的配合要求，该部分钢结构应与步进框架和支承梁一起在制造厂加工制作，以便顺利安装。

（2）炉子两端和两侧钢结构。它是由 6mm 厚的炉墙钢板与工槽钢立柱焊接而成，以安装炉门、烧嘴、支撑横水管以及支承炉子上部钢结构的重量。

（3）炉子上部钢结构。它是用中小型工字钢和大型宽边工字梁及其支撑立柱焊接而成，用以吊挂炉顶的锚固砖，铺设操作检修平台和支持炉子上部管道。

2.4.2　步进梁式加热炉供热、燃烧及排烟系统

2.4.2.1　供热段及热负荷分配

炉子自装料端至出料端沿炉长分为不供热的预热段、加热段和均热段，加热段和均热段又分为上下两段分别进行温度控制。全炉共有四个温度控制段，为了便于灵活调节各段

炉温，在均热段和加热段之间设有压下炉顶，这样可对炉内烟气起扼流作用，改善传热，同时有利于各供热段的独立控制。

均热段上部采用平焰烧嘴，其他部分全部采用侧部调焰烧嘴供热。各供热段供热能力的分配见表2-4-1。

表 2-4-1 各供热段烧嘴分配

分段名称	烧嘴形式	烧嘴数量/个	每个烧嘴能力（标准状态）/m³·h⁻¹	各段能力配备（标准状态）		各段正常用量（标准状态）	
				m³·h⁻¹	%	m³·h⁻¹	%
加热段上部	侧部调焰烧嘴	18	800	14400	36.18	13500	33.91
加热段下部	侧部调焰烧嘴	14	900	12600	31.66	11500	28.89
均热段上部	平焰烧嘴	9	1100	9900	24.87	9000	22.61
均热段下部	侧部调焰烧嘴	6	1150	6900	17.34	5800	14.59
合　计				43800	110.05	39800	100

2.4.2.2 燃烧系统

燃烧系统包括烧嘴、煤气管道与助燃空气管道以及煤气管道放散用的氮气管道。

（1）烧嘴选择。本设计选用平焰烧嘴和调焰烧嘴。

1）平焰烧嘴。平焰烧嘴用于均热段上部，煤气由顶部引入烧嘴内管，经导流片使气流旋转，然后从烧嘴头成一定角度喷出。空气由侧部进入烧嘴外管，经切向布置的导流孔后，旋转的气流在烧嘴头部与旋转的煤气气流混合燃烧。

本设计采用平焰烧嘴的结构如图2-4-1所示。

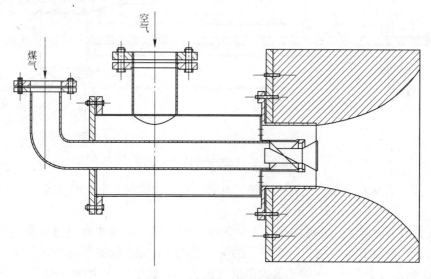

图 2-4-1 平焰烧嘴结构示意图

平焰烧嘴是利用旋转气流的离心作用和附壁效应，使火焰贴附于炉壁，没有前冲力，出口动能经烧嘴砖的导向作用转为径向喷出，成为以烧嘴出口中心为圆心的圆盘状火焰。在圆盘的中心，又由于离心作用而具有很高的负压，炉气以很高的速度被吸入圆盘中心，使炉气不断循环和搅拌。平焰烧嘴最重要的一处装置就是烧嘴出口处的导流片，其使原本直行的燃气变为旋转状态，再与旋转的助燃空气进行结合。平焰烧嘴火焰的这种流动性质，使得炉子具有以下特点：

①高温圆盘状火焰及火焰末尾的高温炉气，由于贴附于炉壁流动，提高了炉气对炉壁的传热，从而提高了炉壁的辐射能力。

②均匀流动的高温炉气沿炉壁转向炉底，在炉底上提高了对物料的对流传热。

③由于炉气产生强烈循环，因而使炉膛各处温度均匀。

2）调焰烧嘴。调焰烧嘴的主要特点是火焰长度可调，其调节手段是通过中心风量的改变来实现。空气流路分为空气间隔室之内和之外两区域，当空气流入间隔室内部时与管束喷出的煤气同向，边流动边混合边燃烧，形成长火焰。该烧嘴混合燃烧气流喷出速度比一般烧嘴要高，因此，火焰的动能也就大，使炉气得到不断循环和搅拌。调节火焰长度改变气流速度，主要可保证加热炉在不同产量情况下，炉长方向或炉宽方向物料都能受热均匀，从而提高加热质量。

本设计采用调焰烧嘴的结构如图 2-4-2 所示。

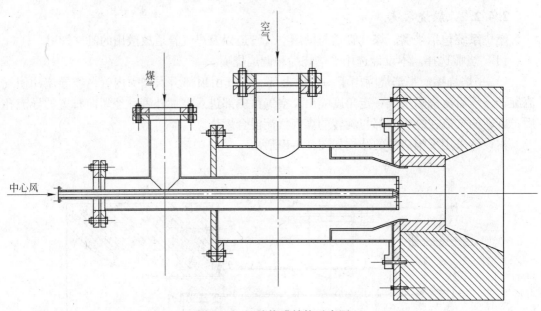

图 2-4-2 调焰烧嘴结构示意图

（2）煤气管道与助燃空气管道。煤气总管配有电动蝶阀 1 个，眼镜阀 1 个，快速切断调节阀 1 个，同时配有必要的吹扫系统。

煤气管道与助燃空气管道均按 4 个供热段分别配置，以便单独进行流量测量与调节，在炉子额定产量为 120t/h 时，一座炉子的煤气消耗量在标准状态下为 39765.8m³/h（按煤气热值 5300kJ/m³ 计算）；在炉子最大产量（最大钢坯长度）为 200t/h 时，一座炉子的煤气消耗量在标准状态下为 46000m³/h（按煤气热值 5300kJ/m³ 计算）。考虑到轧线的生产实际，有时需要炉子在短时强化操作，以及在部分支承梁绝热材料脱落时仍能以高产操作，炉子煤气接点处的最大流量在标准状态下要求为 46000m³/h，煤气接点压力约为 8000Pa，管网压力高于此值时设压力调节阀加以控制。

在加热炉的空气管道系统中配备两台助燃空气鼓风机，一使用一备用。风机参数如下：

型号：9-26No.12.5D；

风机风量：≤58695m³/h（标准状态）；

风压：≤7993Pa；

电压：10kV；

功率：250kW；

电机转速：1450r/min。

助燃空气鼓风机是炉子生产的重要设备，要求有极高的可靠性。对风机的主要技术要求是：风量和风压的波动范围要小，要求小于5%；风机、电动机的综合噪声要小；轴承温升要小（轴承座水冷、双支座）；轴承及支座振动要小。

空、煤气管道上均按燃烧控制的要求，分6个供热段分别配置流量测量与流量调节装置（共12套流量孔板和12套流量自动调节阀，详见仪控部分）；同时在每个烧嘴前分别配备空气手动蝶阀（共66套）和煤气手动金属硬密封蝶阀（共66套）。

在各段空气支管的末端，设置有防爆孔；同时热风支管（外绝热部分）设置必要的膨胀节。

在空气预热器出口的热风总管上设置有热风放散管道及热风放散阀，当热风温度超过设定值时，自动放散热风，用以加大预热器内空气流量，降低空气管组管壁温度，保护预热器；同时热风放散阀又兼有防喘振功能，当加热炉总的供风量低于某一值，风机接近喘振区时，自动调节热风放散阀的开度，适当地放散热风，使风机的工作点偏移，以避开喘振区。

对于热空气管道，根据管径的不同，分别采用内衬或外包绝热材料以减少热气体在输送过程中的散热损失。

（3）氮气管道。为了在开炉停炉以及煤气低压切断时吹扫煤气管道，每座炉子均设有氮气管道，吹扫的氮气为工业氮气，其纯度为99.99%，接点压力为0.1~0.4MPa。由于在管道置换时起到关键作用，氮气管道必不可少，尤其第一次点炉时，其步骤为氮气置换空气、空气置换天然气。不具备连接氮气的工厂可采用氮气瓶中氮气置换。

2.4.2.3 炉子的空气预热器、掺冷风空气管道

（1）空气预热器。为了节约能源，本工程要在设计中最大限度回收出炉烟气带走的热量。因此，在出炉烟道处安装有空气预热器，将助燃空气预热到500~550℃。

空气预热器形式是带麻花形插入件的二行程金属管状预热器，在其烟气入口侧设有顺流保护管组。金属管内插入麻花形薄板片，一方面增加了空气在管内的流速与行程，另一方面由于产生了连续不断的涡流，在离心力的作用下，管中心的空气与壁面边界层的气体可充分混合，从而减薄了层流底层，强化了对流传热，同时降低了管壁温度。空气预热器管组低温段采用渗铝20号钢管，高温段管组采用1Cr18Ni9的材料。空气预热器模型如图2-4-3所示。

图2-4-3 空气预热器模型

（2）掺冷风空气管道。为了保护预热器，当进入预热器烟温超过 900℃ 时，要自动向烟气内渗入冷空气。为此，炉子配备一台稀释风机及其稀释空气管道和自动控制阀。

2.4.3　炉门及其升降机构

炉子上配备有下列炉门：

（1）装料炉门及其升降机构；

（2）出料炉门；

（3）观察炉门；

（4）检修炉门。

2.4.4　步进梁式加热炉机械设备

步进梁式加热炉机械设备包括：

（1）推钢机；

（2）炉底步进机械；

（3）出钢机；

（4）步进炉液压系统。

2.4.4.1　装料推钢机

推钢机负责将炉后装料辊道上已定好位的坯料推到步进梁能够取钢的位置上，以便将坯料向炉内步进。

2.4.4.2　炉底步进机械

（1）钢坯在炉内的运送方式。步进梁有水平运动和升降运动，步进梁的原始位置设在后下位。步进梁在上升过程中，将钢坯从固定梁上托起至后上位，然后步进梁前进至前上位，钢坯在炉内向前移动一个步距，步进梁下降至前下位，将钢坯放于固定梁上，而后步进梁返回原始位置，完成一次步进正循环动作。经如此多次循环，板坯从炉子装料端一步步地向出料端移动，致使到达出料端的钢坯被加热到预定的温度等待出炉进行轧制。

（2）步进机械的结构。炉底步进机械主要由以下几部分组成：斜轨、升降框架、水平框架、水封槽及刮渣板、步进梁、上定心装置、下定心装置、水平缸、升降缸、行程检测器等。

升降框架为一个整体结构，框架上下各有 14 对轮子，在炉宽方向分两列布置，下面的轮子靠 14 套斜轨座支撑，上面的轮子支撑整体水平框架。升降框架有 4 套定心装置，水平框架也有 4 套定心装置，使炉底步进机械沿炉子中心线运动，保证步进机械正常运行，减少钢坯在炉内的跑偏量，使钢坯能顺利地输送到出料端。下定心装置安装于升降框架和炉子基础上，上定心装置安装于升降框架和水平框架上，四根步进梁的多个立柱被牢固地固定在水平框架上。水封槽安装于水平框架上，随水平框架一起运动，刮渣板固定在炉子钢结构上，靠水封槽内的水将炉底和炉膛隔开，起到密封炉气的作用，在步进机械运行过程中，采用机械式刮渣，干渣直接排入装料端辊道下方的冲渣沟内，不需要人工定期清理。

（3）步进梁的运动。步进梁以矩形轨迹运行，即分别进行升、进、降、退的连贯动作，并且在水平运动和升降运动过程中，运行速度是变化的。其目的在于保证水平运动和升降运动的缓起缓停，以及在升降过程中，步进梁从固定梁上托起或向固定梁上放下钢坯时能轻托轻放，防止步进机械产生冲击和振动，避免损伤梁上的绝热材料和炉内板坯表面氧化铁皮的脱落，延长维修周期和使用寿命。

1) 步进梁的升降运动。步进梁的上升和下降是通过 2 支并联液压缸驱动的，液压缸推动带上下轮组的提升框架沿 11° 斜轨道上升和下降，使水平框架及步进梁随之作垂直升降运动，升降行程 200mm。在此过程中，水平缸被锁定。

2) 步进梁的水平运动。步进梁的水平运动是通过 1 支液压缸驱动的，它直接作用在水平框架上，使水平框架及步进梁在提升框架上层滚轮上作平移运动，进退行程 600mm。在此过程中，升降液压缸被锁定，装炉板坯之间的间隙为 50mm。

3) 炉底机械主要技术参数。

步进周期：105s；

步进梁升降行程：200mm；

步进梁水平行程：600mm。

2.4.4.3　出钢机

在炉内出料端等待出料的热钢坯，经开启出料炉门后，由出钢机托杆于低位入炉托起抽出放置在炉外出料辊道上并关闭出料炉门，再经出料辊道高速输送至轧线区进行轧制。

2.5　步进梁式连续式加热炉的计算

炉子产量 $G = 120t/h$，钢坯规格为 200mm×200mm×12000mm，单重 3740kg，加热温度 20~1250℃，允许加热终了时钢坯断面温度差为 30℃，钢种为 300 不锈钢。用发热量为 5300kJ/kg 的脏煤气为燃料，确定炉子的尺寸和燃料消耗量。

根据上述条件，采用上下加热步进梁式加热炉（如图 2-5-1 所示），钢坯中心距取 320mm，炉宽定为 12800mm。采用三段式温度制度。炉膛高度在预热段为 1800mm，加热段为 2200mm，均热段 1500mm。用平焰烧嘴，$\alpha = 1.1$，烟气含 38.6%CO_2 和 21.7%H_2O。端部装料，水冷悬臂辊侧出料。

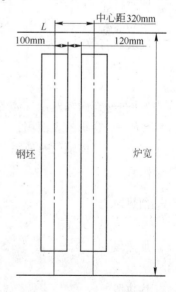

图 2-5-1　步进梁式加热炉示意图

2.5.1　空气量及燃烧生成量计算（燃烧计算）

脏煤气的成分：CO 23.5%、CO_2 10.5%、H_2 10.5%、CH_4 4.0%、$C_m H_n$ 0.3%、O_2 0.1%、N_2 48.8%、H_2O 2.3%。

计算公式及计算过程参见《工业炉设计手册》第 3 章第 2 节及《钢铁厂工业炉设计参考资料》上册第 5 章第 2 节。其中空气过量系数选取 1.05 ~1.1（参见《钢铁厂工业炉设计参考资料》上册表5-12），计算结果见表2-5-1。

表 2-5-1　空气量及燃烧生成量

计算项目名称	计算用公式及参考资料	计算结果
完全燃烧时理论空气量	$L_0 = [0.5\varphi(H_2)_\% + 2\varphi(CH_4)_\% + 0.5\varphi(CO)_\% + 3.5\varphi(C_mH_n)_\%] \times 4.84/100$	1.26
过量空气系数	α	1.1
实际供给空气量	$L_n = \alpha \times L_0$	1.386
烟气生成量	$V_n = V_{CO_2} + V_{O_2} + V_{N_2} + V_{SO_2} + V_{H_2O}$	2.2
烟气中 CO_2 生成量	$V_{CO_2} = [\varphi(CO)_\% + \varphi(CO_2)_\% + \varphi(CH_4)_\% + 2\varphi(C_mH_n)_\%] \times 0.01$	0.386
烟气中 N_2 生成量	$V_{N_2} = [\varphi(N_2)_\% + 78L_n] \times 0.01$	1.569
烟气中 SO_2 生成量	$V_{SO_2} = 0.01\varphi(H_2S)_\%$	0
烟气中 H_2O 生成量	$V_{H_2O} = [2\varphi(CH_4)_\% + 3\varphi(C_mH_n)_\% + \varphi(H_2)_\% + \varphi(H_2S)_\% + \varphi(H_2O)_\% + 0.0128L_n] \times 0.01$	0.2186
烟气中 O_2 生成量	$V_{O_2} = 0.2067(\alpha - 1)L_0$	0.026

2.5.2　步进梁式加热炉各参数的计算

2.5.2.1　炉内各段综合辐射系数的计算

炉膛的内表面积为

$$F = 2(H + B)L \qquad (2\text{-}5\text{-}1)$$

则有

预热段　$F_y = 2(1.8 + 12.8)L_y = 29.2L_y$　m^2

加热段　$F_j = 2(2.2 + 12.8)L_j = 30L_j$　m^2

均热段　$F_{jr} = 2(1.5 + 12.8)L_{jr} = 28.6L_{jr}$　m^2

气层的有效厚度为

$$S = \eta \frac{4V}{F} = 3.6 \frac{HBL}{F} \qquad (2\text{-}5\text{-}2)$$

式中　V——充满辐射性气体的容积体积；

$\quad\quad F$——容积的表面积；

$\quad\quad \eta$——气体辐射有效系数，一般取 $0.85 \sim 0.9$，这里取 $\eta = 0.9$。

则有

预热段　　　　　　$S_y = 3.6 \times \dfrac{1.8 \times 12.8L_y}{29.2L_y} = 2.84$

加热段　　　　　　$S_j = 3.6 \times \dfrac{2.2 \times 12.8L_j}{30L_j} = 3.38$

均热段　　　　　　$S_{jr} = 3.6 \times \dfrac{1.5 \times 12.8L_{jr}}{28.6L_{jr}} = 2.42$

炉气黑度为

$$\varepsilon_0 = \varepsilon_{CO_2} + b\varepsilon_{H_2O}$$

CO_2、H_2O 黑度查《工业炉设计手册》图 2-20 和图 2-21,修正系数查图 2-22。
则有

预热段　　$P_{CO_2}S_y = 0.16 \times 2.84 = 0.454 \times 101325 \text{m} \cdot \text{Pa}$

　　　　　$P_{H_2O}S_y = 0.105 \times 2.84 = 0.298 \times 101325 \text{m} \cdot \text{Pa}$

加热段　　$P_{CO_2}S_j = 0.16 \times 3.38 = 0.54 \times 101325 \text{m} \cdot \text{Pa}$

　　　　　$P_{H_2O}S_j = 0.105 \times 3.38 = 0.335 \times 101325 \text{m} \cdot \text{Pa}$

均热段　　$P_{CO_2}S_{jr} = 0.16 \times 2.42 = 0.387 \times 101325 \text{m} \cdot \text{Pa}$

　　　　　$P_{H_2O}S_{jr} = 0.105 \times 2.42 = 0.254 \times 101325 \text{m} \cdot \text{Pa}$

由上可得

预热段温度为 800℃时,$\varepsilon_0 = 0.150 + 1.06 \times 0.220 = 0.383$;

预热段温度为 1280℃时,$\varepsilon_0 = 0.124 + 1.06 \times 0.148 = 0.281$。

加热段温度为 1280℃时,$\varepsilon_0 = 0.142 + 1.06 \times 0.16 = 0.312$;

加热段温度为 1330℃时,$\varepsilon_0 = 0.145 + 1.06 \times 0.162 = 0.317$。

均热段温度为 1330℃时,$\varepsilon_0 = 0.141 + 1.06 \times 0.135 = 0.284$;

均热段温度为 1270℃时,$\varepsilon_0 = 0.137 + 1.06 \times 0.140 = 0.285$。

钢坯面积为

$$F_2 = \frac{L}{0.32} \times 2 \times 0.2 \times 12 = 15L \quad \text{m}^2 \tag{2-5-3}$$

钢坯遮住的炉底面积为

$$\frac{L}{0.32} \times 0.2 \times 12 = 7.5L \quad \text{m}^2$$

在钢坯之间留有间隙时,综合辐射系数为

$$C_{012} = \frac{4.88\varepsilon_0\varepsilon_2}{\varepsilon_0 + \rho_{12}(1 - \varepsilon_0)} \tag{2-5-4}$$

砌体对钢坯的角度系数为

$$\rho_{12} = \frac{F_2}{F + F_2} \tag{2-5-5}$$

则有

预热段　　$\rho_{12} = \dfrac{15L}{29.2L + 15L} = 0.34$

加热段　　$\rho_{12} = \dfrac{15L}{30L + 15L} = 0.33$

均热段　　$\rho_{12} = \dfrac{15L}{28.6L + 15L} = 0.34$

钢坯黑度　　$\varepsilon_2 = 0.8$

将各数值代入上述综合辐射系数计算式,得

预热段温度为 800℃时，$C_{012} = \dfrac{4.88 \times 0.383 \times 0.8}{0.383 + 0.34(1 - 0.383)} = 2.52$；

预热段温度为 1280℃时，$C_{012} = \dfrac{4.88 \times 0.281 \times 0.8}{0.281 + 0.34(1 - 0.281)} = 2.09$；

加热段温度为 1280℃时，$C_{012} = \dfrac{4.88 \times 0.312 \times 0.8}{0.312 + 0.33(1 - 0.312)} = 2.26$；

加热段温度为 1330℃时，$C_{012} = \dfrac{4.88 \times 0.317 \times 0.8}{0.317 + 0.33(1 - 0.317)} = 2.28$；

均热段温度为 1330℃时，$C_{012} = \dfrac{4.88 \times 0.284 \times 0.8}{0.284 + 0.34(1 - 0.284)} = 2.1$；

均热段温度为 1270℃时，$C_{012} = \dfrac{4.88 \times 0.285 \times 0.8}{0.285 + 0.34(1 - 0.285)} = 2.1$。

预热段和加热段交界处取平均值，得

$$C_{012} = \frac{1}{2}(2.26 + 2.09) = 2.175$$

加热段和均热段交界处取平均值，得

$$C'_{012} = \frac{1}{2}(2.28 + 2.1) = 2.19$$

2.5.2.2　炉长、炉宽的确定

已知最大生产率 $G = 200t/h$，预选炉底强度 $P = 428kg/(m^2 \cdot h)$，则加热面积为

$$f_{xi} = \frac{G}{P} = \frac{200 \times 1000}{428} = 467.2m^2$$

又 $f_{xi} = l_{xi} \times 12.8 \times 1$　则

$$l_{xi} = \frac{467.2}{12.8} = 36.5m$$

所以，有效长度 $l_{xi} = 36.5m$。

炉长 L 的确定：

$$L = l_{xi} + l_{xi} \times 0.1 = 36.5 + 36.5 \times 0.1 = 40.1m$$

式中，炉长系数为 0.1，此值为经验值。取炉长为 40m。

炉宽 B 的确定：

$$B = 钢坯长度 + 2C$$

即　　　　　　　　　　$B = 12 + 2 \times 0.4 = 12.8m$

由《冶金加热炉设计与实例》式（2-91），取炉宽为 12.8m。

2.5.2.3　各加热段炉长及加热时间的确定

设计要求每小时加热的钢坯数为 120000/3740 = 32.1 根，炉内放置的钢坯数为 40000/320 = 125 根，则钢坯加热时间 $t = 125/32.1 = 3.89h$。

根据设计条件，计算满足上述加热时间要求的炉温制度和燃料消耗量。

将方坯看成截面积与之相等的圆坯，则圆坯的计算半径为

$$r = \sqrt{0.2 \times 0.2/3.14} = 0.1129m$$

在加热段完了时钢坯的温差为20℃，则加热段终了时钢坯的平均温度为

$$t_{jp}^z = 1330 - \frac{1}{2} \times 20 = 1320 \text{ ℃}$$

在此温度下，钢坯的热焓 $i_j^z = 811.3 \text{kJ/kg}$，导热系数 $\lambda_j^z = 25.86 \times 4.187 = 108.3 \text{kJ/(m}^2 \cdot \text{h} \cdot \text{℃)}$。

加热段终了进入钢坯表面的热流为

$$q_j^z = 2\lambda_j^z \Delta t_j^z / r = 2 \times 108.3 \times 20/0.1129 = 38362 \text{kJ/(m}^2 \cdot \text{h)}$$

加热段终了处的炉气温度为（由《工业炉设计手册》式（4-2）导出）

$$t_{jq}^z = 100 \sqrt[4]{\frac{q_j^z}{C_{012}} + \left(\frac{t_j^z + 273}{100}\right)^4} - 273 \tag{2-5-6}$$

$$= 100 \sqrt[4]{\frac{38362}{2.28 \times 4.187} + \left(\frac{1330 + 273}{100}\right)^4} - 273 = 1354\text{℃}$$

预热段终了和加热段开始处的钢坯表面温度先按700℃计算，然后再进行校核。

交界处的热流为（见《工业炉设计手册》式（4-2））

$$q_j^k = q_y^z = C_{012} \left[\left(\frac{t_{yq}^z + 273}{100}\right)^4 - \left(\frac{t_y^z + 273}{100}\right)^4\right] \tag{2-5-7}$$

$$q_j^k = q_y^z = C_{012} \left[\left(\frac{t_{yq}^z + 273}{100}\right)^4 - \left(\frac{t_y^z + 273}{100}\right)^4\right]$$

$$= 2.155 \times \left[\left(\frac{1280 + 273}{100}\right)^4 - \left(\frac{700 + 273}{100}\right)^4\right] \times 4.187 = 443978 \text{kJ/(m}^2 \cdot \text{h)}$$

此时钢坯内的温度差为

$$\Delta t_j^k = \Delta t_y^z = q_y^z r / 2\lambda_j^k = (443978 \times 0.1129)/(2 \times 26.7 \times 4.187) = 224\text{℃}$$

此时钢坯的平均温度为

$$t_{jp}^k = 700 - \frac{1}{2} \times 224 = 588 \text{ ℃}$$

在此温度下，有

$$i_j^k = 367.8 \text{kJ/kg}$$

$$\lambda_j^k = 26.7 \times 4.187 = 111.8 \text{kJ/(m} \cdot \text{h} \cdot \text{℃)}$$

加热段内钢坯的热焓增加量为

$$\Delta i_j = i_j^z - i_j^k = 811.3 - 367.8 = 443.5 \text{kJ/kg}$$

加热段内的平均热流为

$$q_{jp} = \frac{q_j^k - q_j^z}{2.3 \lg \dfrac{q_j^k}{q_j^z}} = \frac{443978 - 38362}{2.3 \lg \dfrac{443978}{38362}} = 165652 \text{kJ/(m}^2 \cdot \text{h} \cdot \text{℃)} \tag{2-5-8}$$

钢坯在加热段内的时间为

$$t_j = \Delta i_j rg / 2q_{jp} = \frac{443.5 \times 0.1129 \times 7850}{2 \times 165652} = 1.19\text{h}$$

加热段的长度为

$$L_{\mathrm{j}} = \frac{t_{\mathrm{j}}}{t}L = \frac{1.19}{3.89} \times 40 = 12.2\mathrm{m}$$

均热段完了钢坯取出炉时的温差为 10℃，则均热终了时钢坯的平均温度为

$$t_{\mathrm{jrp}}^{z} = 1250 - \frac{1}{2} \times 10 = 1245\ \text{℃}$$

在此温度下钢坯的热焓 $i_{\mathrm{jr}}^{z} = 836\mathrm{kJ/kg}$，导热系数 $\lambda_{\mathrm{jr}}^{z} = 108.68\mathrm{kJ/(m^2 \cdot h \cdot ℃)}$。
均热段终了进入钢坯表面的热流为

$$q_{\mathrm{jr}}^{z} = 2\lambda_{\mathrm{jr}}^{z}\Delta t_{\mathrm{jr}}^{z}/r = 2 \times 108.68 \times 10/0.1129 = 19252\mathrm{kJ/(m^2 \cdot h)}$$

均热段终了处的炉气温度为

$$t_{\mathrm{jrq}}^{z} = 100\sqrt[4]{\frac{q_{\mathrm{jr}}^{z}}{C_{012}} + \left(\frac{t_{\mathrm{jr}}^{z} + 273}{100}\right)^4} - 273 \qquad (2\text{-}5\text{-}9)$$

$$= 100\sqrt[4]{\frac{19252}{1.24 \times 4.187} + \left(\frac{1250 + 273}{100}\right)^4} - 273 = 1276\text{℃}$$

加热段终了和均热段开始处的钢坯表面温度先按 1200℃ 计算，然后再进行校核。
交界处的热流为

$$q_{\mathrm{jr}}^{k} = q_{\mathrm{j}}^{z} = C_{012}\left[\left(\frac{t_{\mathrm{jq}}^{z} + 273}{100}\right)^4 - \left(\frac{t_{\mathrm{j}}^{z} + 273}{100}\right)^4\right]$$

$$= 2.165 \times \left[\left(\frac{1330 + 273}{100}\right)^4 - \left(\frac{1200 + 273}{100}\right)^4\right] \times 4.187 = 171794\mathrm{kJ/(m^2 \cdot h)}$$

此时钢坯内的温度差为

$$\Delta t_{\mathrm{jr}}^{k} = \Delta t_{\mathrm{j}}^{z} = q_{\mathrm{j}}^{z}r/2\lambda_{\mathrm{jr}}^{k} = 171794 \times 0.1129/(2 \times 107.8) = 90\ \text{℃}$$

此时钢坯的平均温度为

$$t_{\mathrm{jrp}}^{k} = 1200 - \frac{1}{2} \times 90 = 1155\ \text{℃}$$

在此温度下，有

$$i_{\mathrm{jr}}^{k} = 764.9\mathrm{kJ/kg}, \quad \lambda_{\mathrm{jr}}^{k} = 107.8\mathrm{kJ/(m \cdot h \cdot ℃)}$$

均热段内钢坯的热焓增加量为

$$\Delta i_{\mathrm{jr}} = i_{\mathrm{jr}}^{z} - i_{\mathrm{jr}}^{k} = 836 - 764.9 = 71.1\mathrm{kJ/kg}$$

均热段内的平均热流为

$$q_{\mathrm{jrp}} = \frac{q_{\mathrm{jr}}^{k} - q_{\mathrm{jr}}^{z}}{2.3\lg\dfrac{q_{\mathrm{jr}}^{k}}{q_{\mathrm{jr}}^{z}}} = \frac{171794 - 19252}{2.3\lg\dfrac{171794}{19252}} = 69775\mathrm{kJ/(m^2 \cdot h \cdot ℃)}$$

钢坯在均热段内的时间为

$$t_{\mathrm{jr}} = \Delta i_{\mathrm{jr}}rg/2q_{\mathrm{jrp}} = \frac{71.1 \times 0.1129 \times 7850}{2 \times 69775} = 0.45\mathrm{h}$$

均热段的长度为

$$L_{\mathrm{jr}} = \frac{t_{\mathrm{jr}}}{t}L = \frac{0.45}{3.89} \times 40 = 4.6\mathrm{m}$$

预热段内钢坯的热焓增量为

$$\Delta i_y = i_y^z - i_y^k = 359.4 - 8.36 = 351 \text{kJ/kg}$$

预热段炉长为

$$L_y = 36.5 - 12.2 - 4.6 = 19.7 \text{m}$$

钢坯在预热段内的时间为

$$t_y = 3.89 - 1.19 - 0.45 = 2.25 \text{h}$$

预热段内的平均热流为

$$q_{yp} = \Delta i_y g r / 2 t_y = \frac{351 \times 0.1129 \times 7850}{2 \times 2.25} = 69129 \text{kJ/(m}^2 \cdot \text{h)}$$

预热段开始处即装料炉门口处的热流为

$$q_y^k = q_{yp}^2 / q_y^z = (69129)^2 / 443978 = 10764 \text{kJ/(m}^2 \cdot \text{h)}$$

装料炉门口处炉气温度为

$$t_{yq}^k = 100 \sqrt[4]{\frac{q_y^k}{C_{012}} + \left(\frac{t_y^k + 273}{100}\right)^4} - 273$$

$$= 100 \sqrt[4]{\frac{10764}{2.52 \times 4.187} + \left(\frac{20 + 273}{100}\right)^4} - 273 = 302℃$$

2.5.2.4 炉高 H 的确定

（1）钢坯出炉的表面温度：$t_{表}^{终} = 1250℃$；

（2）钢坯入炉的表面温度：$t_{表}^{始} = 20℃$；

（3）经过预热段以后钢坯的表面温度：$t_{表} = 650℃$；

（4）进入均热段时钢坯的表面温度：$t_{表} = 1300℃$；

（5）烟气出炉的温度：$t_{气} = 850℃$；

（6）烟气进预热段的温度：$t_{气} = 1400℃$；

（7）烟气在均热段中的最高温度：$t_{气} = 1350℃$；

（8）烟气在均热段中的平均温度：$t_{气, 均热}^{均} = 1275℃$。

因为 $\qquad H_{效} = (A + 0.05B) t_{气} \times 10^3 \quad \text{m}$ （2-5-10）

式中 $\quad H_{效}$——炉子的有效高度；

$\qquad B$—— 炉宽；

$\qquad t_{气}$——炉气温度，℃；

$\qquad A$——系数，当 $t_{气} < 900℃$ 时，$A = 0.5 \sim 0.55$，当 $t_{气} > 1500℃$ 时，$A = 0.65$。

所以，预热段高度为

$$H_1 = (A + 0.05B) t_{气} = (0.5 + 0.05 \times 12.8) \times 1400 = 1596 \text{mm}$$

$$H_1 + \delta = 1596 + 200 = 1796 \text{mm}$$

设计时取 1800mm。

加热段高度为

$$H_2 = (A + 0.05B) t_{气} = (0.68 + 0.05 \times 12.8) \times 1450 = 1914 \text{mm}$$

$$H_2 + \delta = 1914 + 200 = 2214 \text{mm}$$

设计时取 2200mm。

均热段高度为

$$H_3 = (A + 0.05B)t_气 = (0.5 + 0.05 \times 12.8) \times 1275 = 1453.5mm$$

设计时取 1500mm。

2.5.3 热平衡计算

参看《工业炉设计手册》第 2 版第 5 章第 2 节。

2.5.3.1 热量收入项

(1) 脏煤气在标准状态下的低位发热量 5300kJ/m³。

(2) 空气预热温度 550℃。

(3) 煤气温度 20℃。

(4) 燃料燃烧的化学热量。

$$Q_1 = BQ_{DW}^y \quad kJ/h$$

式中　　B——燃料消耗量，kg/h；

　　　　Q_{DW}^y——燃料的低发热量，kJ/kg。

即　　　　　　　　　　$Q_1 = BQ_{DW}^y = 5300B$

(5) 燃料带入的物理热量。

$$Q_2 = 4.18 \times Bc_r t_r \quad kJ/h$$

式中　　c_r, t_r——燃料的平均比热容和温度。

即　　　　　　　$Q_2 = 4.18 \times Bc_r t_r = 4.18 \times 7.9 \times B = 33B$

(6) 预热燃烧用空气带入的物理热量。

$$Q_3 = 4.18 \times Bc_k t_k aL_0 \quad kJ/h$$

式中　　c_k, t_k——燃烧用空气的平均比热容和预热温度；

　　　　a——燃料燃烧时的空气过剩系数；

　　　　L_0——燃料燃烧时所需的理论空气量。

已知 $c_k = 0.319$, $t_k = 550$, $a = 1.1$, $L_0 = 1.26$, 则

$$Q_3 = 4.18 \times Bc_k t_k aL_0 = 1018B$$

(7) 雾化用蒸汽带入的热量。

$$Q_4 = 4.18 \times Bni \quad kJ/h$$

式中　　n——每千克燃料油雾化用蒸汽量，kg；

　　　　i——雾化用蒸汽的热熔量，kJ/kg。

所以　　　　　　　　　　$Q_4 = 0$

(8) 钢氧化反应的化学热量。

$$Q_5 = 4.18 \times 1350Ga \quad kJ/h$$

式中　　G——炉子产量，kg/h；

　　　　a——氧化烧损率，%。

已知 $G = 120000kg/h$, $a = 1.5\%$, 则

$$Q_5 = 10157400 \text{ kJ/h}$$

2.5.3.2 热量支出项目

（1）钢加热所需的热量。

$$Q'_1 = 4.18 \times G(i_2 - i_1) \quad \text{kJ/h} \tag{2-5-11}$$

式中　i_1，i_2——炉料装炉和出炉时的热焓量，kJ/h。

已知 $G = 200000$，$i_1 = 2.28$，$i_2 = 203.75$，则

$$Q'_1 = 168428920$$

（2）出炉烟气带走的热量。

$$Q'_2 = BV_y c_y t_y \quad \text{kJ/h} \tag{2-5-12}$$

式中　V_y——在标准状态下单位燃料燃烧时产生的烟气量，m^3/kg；

c_y，t_y——出炉烟气的平均比热容和温度。

已知 $V_y = 2.2$，$c_y = 0.363$，$t_y = 850$，则

$$Q'_2 = BV_y c_y t_y = 4.18 \times 2.2 \times 0.363 \times 850 \times B = 2837.4B$$

（3）燃料化学不完全燃烧损失的热量。

$$Q'_3 = 4.18 \times BV_y \times 2880 \times \varphi(\text{CO}) \quad \text{kJ/h} \tag{2-5-13}$$

式中　$\varphi(\text{CO})$——烟气中 CO 的含量，取为 0.5%。

即　　　$Q'_3 = 4.18 \times B \times V_y \times 2880 \times \varphi(\text{CO}) = 4.18 \times 31.68 \times B = 132.4B$

（4）燃料因机械不完全燃烧损失的热量（固体燃料）。

$$Q'_4 = BQ^y_{DW}(0.03 \sim 0.05) \quad \text{kJ/h} \tag{2-5-14}$$

所以　　　　　　　$Q'_4 = 0$

（5）炉体砌筑散热或蓄热损失的热量。

$$Q'_5 = 4.18 \times K(t_n - t_w)F_0 \quad \text{kJ/h} \tag{2-5-15}$$

即　　　　　　　$Q'_5 = 22831471.8 \text{ kJ/h}$

（6）炉门和窥孔因辐射而散失的热量。

$$Q'_6 = [4.18 \times 4.88(T_L/100)F\varphi\psi]/60 \quad \text{kJ/h} \tag{2-5-16}$$

式中　T_L——炉门和窥孔处的炉温；

F——炉门和窥孔的面积；

φ——角度修正系数；

ψ——1h 内炉门或窥孔的开启时间，min。

$$Q'_6 = 657042.9 \text{ kJ/h}$$

（7）炉门、窥孔、墙缝等因冒气而损失的热量。

一般不进行计算，而将其包含在出炉烟气带走的热量中，即

$$Q'_7 = 0$$

（8）炉子水冷构件吸热损失的热量。

绝热管　$Q'_{8-1} = 4.18 \times (0.027 \sim 0.030)F \times 10^6 \quad \text{kJ/h}$

未绝热管　$Q'_{8-2} = 4.18 \times (0.1 \sim 0.14)F \times 10^6 \quad \text{kJ/h}$

即　　　　　　　$Q'_8 = 25080000 \text{ kJ/h}$

（9）其他热损失。

$$Q_9' = nQ_{DW}^y$$

假设其他热损失占燃料燃烧热的 1.5%，即 $n = 1.5\%$，则

$$Q_9' = nQ_{DW}^y = 79.5B$$

根据热平衡方程式，热收入＝热支出，即

带 B 项 $= Q_1 + Q_2 + Q_3 - Q_2' - Q_3' - Q_9' = 3301.7B$

数值项 $= Q_1' + Q_5' + Q_6' + Q_7' + Q_8' - Q_4 - Q_5 = 206840034$

所以，$B =$ 数值项/带 B 项 $= 62646\text{m}^3/\text{h}$（标准状态）。

2.5.4　钢结构计算

吊挂炉顶的炉子，当炉顶吊梁只承受吊砖自重时，为了简化计算，可按中间有均布负荷简支梁计算。当采用单重较大的预制块或有管道、操作平台等其他负荷时，则按实际受力情况考虑，一般根据经验或参照类似炉子的侧柱来选取适当的断面，有些情况需要计算时，一般按轴心受压的支柱进行计算。

2.5.4.1　加热段计算

（1）吊炉顶梁的强度计算。吊炉顶梁选用一对 36a 槽钢制作，受力情况分析参看《钢铁厂工业炉设计参考资料》第 13 章第 3 节。

在通常情况下，q_1 比 q_2 要小的多，因此可以近似受力情况简化计算。其最大弯矩为

$$M_{max} = \frac{qcl}{8}\left(2 - \frac{c}{l}\right) \tag{2-5-17}$$

$$q = q_1 + q_2$$

式中　　q_1——单位长度吊砖和吊挂件的质量，kg/cm；

　　　　q_2——单位长度吊梁的质量，kg/cm；

　　$c，l$——受力点及支点的间距尺寸，cm。

即

$$q = \frac{56255.4 + 24292.5}{48 \times 1400} = 1.21\text{kg/cm}$$

$$M_{max} = \frac{qcl}{8}\left(2 - \frac{c}{l}\right)$$

$$= \frac{1.2 \times 1280 \times 1400}{8}\left(2 - \frac{1280}{1400}\right) = 291916.8\text{N/cm}$$

吊炉顶梁的最大挠度为

$$f_{max} = \frac{qcl^3}{384EJ}\left(8 - 4\frac{c^2}{l^2} + \frac{c^3}{l^3}\right) \quad \text{cm} \tag{2-5-18}$$

式中　　E——材料的弹性模数，N/cm²；

　　　　J——梁断面的惯性矩，cm⁴。

通过查阅《工程力学》可知 $E = 2.1 \times 10^6\text{N/cm}^2$，$J = 11874.2\text{cm}^4$，则

$$f_{max} = \frac{qcl^3}{384EJ}\left(8 - 4\frac{c^2}{l^2} + \frac{c^3}{l^3}\right)$$

$$= \frac{1.2 \times 1208 \times 1400^3}{384 \times 2.1 \times 10^6 \times 11874.2}\left(8 - 4 \times \frac{1280^2}{1400^2} + \frac{1280^3}{1400^3}\right) = 2.4\text{cm}$$

梁的断面系数为

$$W = \frac{M_{\max}}{[\sigma]} = \frac{291916.8}{1200} = 243.3\text{cm}^3$$

式中 $[\sigma]$——许用应力，取 1200N/cm^2。

（2）梁的刚度和稳定性。梁承受弯矩时，刚度以 f/l 表示，则 $f/l = 2.4/1400 = 0.0017$。吊炉顶梁的挠度 f 一般要小于 $\frac{l}{500}$。因为吊梁挠度 $f < \frac{l}{500}$，所以刚度符合设计要求。

在实际计算中，也可以近似估计梁的高度。受均布负荷的简支梁，其最小高度为

$$h_{\min} = \frac{5}{24}\frac{[\sigma]l^2}{Ef} = \frac{5}{24} \times \frac{1200 \times 1400^2}{2.1 \times 10^6 \times 2.4} = 97.2\text{cm}$$

当 $f = l/500$，$[\sigma] = 1200$，$E = 2.1 \times 10^6$ 时，$h_{\min} = l/17$，即梁的高度要大于或等于 $l/17$，则 $h_{\min} = \frac{1400}{17} = 82.35\text{cm}$。

吊炉顶梁选用一对 36a 槽钢制作，有侧向支撑，因此可以不计算梁的稳定性。

（3）侧柱的计算。侧柱选用 45a 工字钢。吊挂炉顶炉子侧柱不受其他负荷时，按轴心受压的支柱计算。

查阅《工程力学》可知柱子截面的最小惯性半径 $i = 2.89\text{cm}$，侧柱的横截面积 $F = 102\text{cm}^2$，则 $\lambda = h/i = 300/2.89 = 75$，查《钢铁厂工业炉设计参考资料（上）》表 13-9 得稳定系数 $\varphi = 0.74$。

$$\frac{N}{\varphi F} = \frac{80547.9}{0.74 \times 102} = 1067\text{N/cm}^2, \quad [\sigma] = 1200\text{N/m}^2$$

即 $\frac{N}{\varphi F} < [\sigma]$，所以所选用侧柱符合要求。

2.5.4.2 均热段计算

（1）吊炉顶梁的强度计算。吊炉顶梁选用一对 36a 槽钢制作，受力情况分析参看《钢铁厂工业炉设计参考资料》第 13 章第 3 节。

在通常情况下，q_1 比 q_2 要小的多，因此可以近似受力情况简化计算。其最大弯矩为

$$M_{\max} = \frac{qcl}{8}\left(2 - \frac{c}{l}\right) \quad \text{N/cm} \tag{2-5-19}$$

$$q = q_1 + q_2$$

式中 q_1——单位长度吊砖和吊挂件的质量，kg/cm；

  q_2——单位长度吊梁的质量，kg/cm；

  c，l——受力点及支点的间距尺寸，cm。

即

$$q = \frac{56255.4 + 24292.5}{48 \times 1400} = 1.21 \text{ kg/cm}$$

$$M_{\max} = \frac{qcl}{8}\left(2 - \frac{c}{l}\right)$$

$$= \frac{1.2 \times 1280 \times 1400}{8}\left(2 - \frac{1280}{1400}\right) = 291916.8 \mathrm{N/cm}$$

吊炉顶梁的最大挠度为

$$f_{\max} = \frac{qcl^3}{384EJ}\left(8 - 4\frac{c^2}{l^2} + \frac{c^3}{l^3}\right) \quad \mathrm{cm} \tag{2-5-20}$$

式中　E——材料的弹性模数，$\mathrm{N/cm^2}$；

　　　J——梁断面的惯性矩，$\mathrm{cm^4}$。

通过查阅《工程力学》可知 $E = 2.1 \times 10^6 \mathrm{N/cm^2}$，$J = 11874.2 \mathrm{cm^4}$，则

$$f_{\max} = \frac{qcl^3}{384EJ}\left(8 - 4\frac{c^2}{l^2} + \frac{c^3}{l^3}\right)$$

$$= \frac{1.2 \times 1208 \times 1400^3}{384 \times 2.1 \times 10^6 \times 11874.2}\left(8 - 4 \times \frac{1280^2}{1400^2} + \frac{1280^3}{1400^3}\right) = 2.4 \mathrm{cm}$$

梁的断面系数为

$$W = \frac{M_{\max}}{[\sigma]} = \frac{291916.8}{1200} = 243.3 \mathrm{cm^3}$$

式中　$[\sigma]$——许用应力，取 $1200\mathrm{N/cm^2}$。

（2）梁的刚度和稳定性。梁承受弯矩时，刚度以 f/l 表示，则 $f/l = 2.4/1400 = 0.017$。吊炉顶梁的挠度 f 一般要小于 $\dfrac{l}{500}$。因为吊梁挠度 $f < \dfrac{l}{500}$，所以刚度符合设计要求。

在实际计算中，也可以近似估计梁的高度。受均布负荷的简支梁，其最小高度为

$$h_{\min} = \frac{5}{24}\frac{[\sigma]l^2}{Ef} = \frac{5}{24} \times \frac{1200 \times 1400^2}{2.1 \times 10^6 \times 2.4} = 97.2 \mathrm{cm}$$

当 $f = l/500$，$[\sigma] = 1200$，$E = 2.1 \times 10^6$ 时，$h_{\min} = l/17$，即梁的高度要大于或等于 $l/17$，则 $h_{\min} = \dfrac{1400}{17} = 82.35 \mathrm{cm}$。

吊炉顶梁选用一对 36a 槽钢制作，有侧向支撑，因此可以不计算梁的稳定性。

（3）侧柱的计算。侧柱选用 45a 工字钢。吊挂炉顶炉子侧柱不受其他负荷时，按轴心受压的支柱计算。

查阅《工程力学》可知柱子截面的最小惯性半径 $i = 2.89 \mathrm{cm}$，侧柱的横截面积 $F = 102 \mathrm{cm^2}$，则 $\lambda = h/i = 300/2.89 = 75$，查《钢铁厂工业炉设计参考资料（上）》表 13-9 得稳定系数 $\varphi = 0.74$。

$$\frac{N}{\varphi F} = \frac{80547.9}{0.74 \times 102} = 1067 \mathrm{N/cm^2}，[\sigma] = 1200 \mathrm{N/cm^2}$$

即 $\dfrac{N}{\varphi F} < [\sigma]$，所以所选用侧柱符合要求。

2.5.4.3　预热段计算

（1）吊炉顶梁的强度计算。吊炉顶梁选用一对 36c 槽钢制作。其最大弯矩为

$$M_{max} = \frac{qcl}{8}\left(2 - \frac{c}{l}\right) \qquad \text{N/cm}$$

$$q = q_1 + q_2$$

式中　q_1——单位长度吊砖和吊挂件的质量，kg/cm；

　　　q_2——单位长度吊梁的质量，kg/cm；

　　　$c，l$——受力点及支点的间距尺寸，cm。

即　　　　　$q = \dfrac{56255.4 + 24292.5}{48 \times 1400} = 1.21 \text{kg/cm}$

$$M_{max} = \frac{qcl}{8}\left(2 - \frac{c}{l}\right)$$

$$= \frac{1.2 \times 1520 \times 1580}{8}\left(2 - \frac{1520}{1580}\right) = 374649.6\text{N/cm}$$

吊炉顶梁的最大挠度为

$$f_{max} = \frac{qcl^3}{384EJ}\left(8 - 4\frac{c^2}{l^2} + \frac{c^3}{l^3}\right) \qquad \text{cm}$$

式中　E——材料的弹性模数，N/cm^2；

　　　J——梁断面的惯性矩，cm^4。

通过查阅《工程力学》可知 $E = 2.1 \times 10^6 \text{N/cm}^2$，$J = 13429.4\text{cm}^4$，则

$$f_{max} = \frac{qcl^3}{384EJ}\left(8 - 4\frac{c^2}{l^2} + \frac{c^3}{l^3}\right)$$

$$= \frac{1.2 \times 1520 \times 1580^3}{384 \times 2.1 \times 10^6 \times 13429.4}\left(8 - 4 \times \frac{1520^2}{1580^2} + \frac{1520^3}{1580^3}\right) = 2.7\text{cm}$$

梁的断面系数为

$$W = \frac{M_{max}}{[\sigma]} = \frac{374649.6}{1200} = 312.2\text{cm}^3$$

式中　$[\sigma]$——许用应力，取 1200N/cm^2。

（2）梁的刚度和稳定性。梁承受弯矩时，刚度以 f/l 表示，则 $f/l = 2.7/1580 = 0.0017$。吊炉顶梁的挠度 f 一般要小于 $\dfrac{l}{500}$。因为吊梁挠度 $f < \dfrac{l}{500}$，所以刚度符合设计要求。

在实际计算中，也可以近似估计梁的高度。受均布负荷的简支梁，其最小高度为

$$h_{min} = \frac{5}{24}\frac{[\sigma]l^2}{Ef} = \frac{5}{24} \times \frac{1200 \times 1580^2}{2.1 \times 10^6 \times 2.7} = 106.3\text{cm}$$

当 $f = l/500$，$[\sigma] = 1200$，$E = 2.1 \times 10^6$ 时，$h_{min} = l/17$，即梁的高度要大于或等于 $l/17$，则 $h_{min} = \dfrac{1580}{17} = 92.9\text{cm}$。

吊炉顶梁选用一对 36c 槽钢制作，有侧向支撑，因此可以不计算梁的稳定性。

（3）侧柱的计算。侧柱选用 45a 工字钢。吊挂炉顶炉子侧柱不受其他负荷时，按轴心受压的支柱计算。

　　查阅《工程力学》可知柱子截面的最小惯性半径 $i = 2.89\mathrm{cm}$，侧柱的横截面积 $F = 102\mathrm{cm}^2$，则 $\lambda = h/i = 300/2.89 = 75$，查《钢铁厂工业炉设计参考资料（上）》表13-9得稳定系数 $\varphi = 0.74$。

$$\frac{N}{\varphi F} = \frac{80547.9}{0.74 \times 102} = 1067\mathrm{N/cm}^2，[\sigma] = 1200\ \mathrm{N/cm}^2$$

即 $\dfrac{N}{\varphi F} < [\sigma]$，所以所选用侧柱符合要求。

2.5.4.4　小吊梁的结构设计

　　小吊梁的作用是连接吊钩和吊砖。小吊梁的结构设计为工字钢和角钢组合而成，如图2-5-2所示。其规格尺寸见表2-5-2。

表 2-5-2　小吊梁规格尺寸

名　　称	a	b	c	L
小吊梁1	300	896	300	1496
小吊梁2	300	697	300	1297

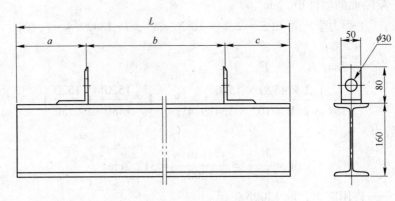

图 2-5-2　小吊梁结构设计

2.5.4.5　横梁的结构设计

　　横梁是由一对槽钢通过钢板焊接组合，起主要作用的是用来连接相应两侧的侧柱，如图2-5-3所示。

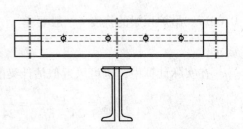

2.5.4.6　侧柱高度的设计

　　按三段式温度制度，炉膛高度在预热段为1.8m，加热段为1.9m，均热段为1.5m。

图 2-5-3　横梁结构设计

　　因为在工程上要求有一定的余量，所以根据砌砖尺寸和《钢结构设计规范》的要求可以将各段高度设定为2.416m、3.164m和2.806m。

2.5.4.7　横梁长度设计

　　炉宽 $B = l + 2c = 12 + 2 \times 0.25 = 12.5\mathrm{m}$，砌砖尺寸为14m。同样，因为在工程上要求有一

定的余量，所以根据砌砖尺寸和《钢结构设计规范》的要求，设定在预热段前面部分横梁宽度为 15.8m，预热段后段部分、均热段和加热段横梁宽度均为 14m。

2.5.4.8　组合柱设计

组合柱采用一对槽钢对接而成，其中 1 为钢板，共 4 块，用来将两根槽钢焊接，其各段尺寸如图 2-5-4 所示。

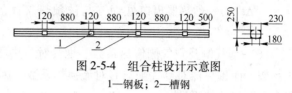

图 2-5-4　组合柱设计示意图
1—钢板；2—槽钢

2.5.5　金属预热器计算

2.5.5.1　基本计算公式

（1）预热空气量 V_k 。按炉子平均燃料消耗量计算所需的预热空气量，同时还要考虑空气沿程的漏损量。

$$V_k = \eta a L_o B$$

式中　η ——空气漏损系数；

　　　a ——过剩空气系数；

　　　L_o ——理论空气消耗量，m^3/m^3 ；

　　　B ——平均燃料消耗量，m^3/m^3 。

（2）烟气量 V_y 。

$$V_y = (1 + \varphi) V_a B$$

式中　φ ——烟气稀释系数；

　　　V_a ——单位烟气量。

（3）被预热气体需要的热量。

$$Q = V_k (c''_k t''_k - c'_k t'_k) \quad kJ/h$$

式中　V_k ——被预热气体量，m^3/h ；

　　t'_k ，t''_k ——分别为进和出预热器时被预热气体的温度，℃；

　　c'_k ，c''_k ——分别为被预热气体在 t'_k 和 t''_k 时的平均比热容，$kJ/(m^3 \cdot ℃)$ 。

（4）预热器后的烟气温度 t''_y 。

$$t''_y = \frac{c'_y V'_y t'_y - Qm}{c''_y V''_y}$$

式中　t'_y ，t''_y ——分别为进和出预热器时的烟气温度，℃；

　　　c'_y ，c''_y ——分别为在 t'_y 和 t''_y 时的平均比热容，$kJ/(m^3 \cdot ℃)$ ；

　　　V'_y ，V''_y ——分别为进和出预热器的烟气量，m^3/h ；

　　　m ——考虑预热器热损失的系数，一般取 1.05~1.10 。

（5）平均温度差。烟气与被预热气体的平均温度差在预热器的各个部位是不相同的。经过理论推导，在顺流式和逆流式预热器中，平均温度差应为预热器进口温度差和出口温度差之对数平均值，即

$$\Delta t_p = \frac{\Delta t' - \Delta t''}{\ln \dfrac{\Delta t'}{\Delta t''}} \tag{2-5-21}$$

式中　　$\Delta t'$——预热器进口处烟气与被预热气体的温度差，℃，顺流时为 $t'_y - t'_k$，逆流时为 $t'_y - t''_k$；

　　　　$\Delta t''$——预热器出口处烟气与被预热气体的温度差，顺流时为 $t''_y - t''_k$，逆流时为 $t''_y - t'_k$。

（6）烟气侧及空气侧传热系数。烟气对预热器的传热系数包括对流换热系数和辐射传热系数，而预热器对空气则只有对流换热系数，因为空气无吸收热辐射能力，但器壁对煤气存在辐射传热系数。

烟气侧传热系数 a_y 为

$$a_y = a_y^f + a_y^d$$

式中　　a_y^f——烟气对器壁的辐射传热系数，$W/(m^2 \cdot ℃)$；

　　　　a_y^d——烟气对器壁的对流换热系数，$W/(m^2 \cdot ℃)$。

预热空气时，空气侧换热系数 $a_k = a_k^d$。

关于传热系数的具体计算式，因与预热器结构有关，将在后面的例题中介绍。

（7）综合传热系数。

$$K = \cfrac{1}{\cfrac{1}{a_y} + \cfrac{S}{\lambda} + \cfrac{1}{a_k}}$$

式中　　a_y——烟气侧传热系数，$W/(m^2 \cdot ℃)$；

　　　　λ——器壁材料的热导率，$W/(m^2 \cdot ℃)$；

　　　　S——器壁厚度，m；

　　　　a_k——空气侧传热系数，$W/(m^2 \cdot ℃)$。

当器壁材料为导热性能好的金属时，其热阻 $\dfrac{S}{\lambda}$ 值可略去不计，此时上式简化为

$$K = \cfrac{1}{\cfrac{1}{a_y} + \cfrac{1}{a_k}}$$

由上式知 K 值总小于 a_k 和 a_y 二者之一，适用于空气侧及烟气侧受热面基本相等的条件。

（8）预热器的传热面积。

1）当预热器进口和出口处的总传热系数相同时，预热器的传热面积为

$$F = \frac{Q}{K\Delta t'_p} \quad m^2$$

式中　　K——预热器进口和出口处的总传热系数，$W/(m^2 \cdot ℃)$；

　　　　$\Delta t'_p$——烟气和被预热介质的对数平均温度差，℃。

2）当预热器进口和出口处的总传热系数不相同但差别不太大时，可近似地按进口和出口处的总传热系数的算术平均值计算，即

$$K = 0.5(K' + K'')$$

式中　　K'，K''——预热器进口和出口处的总传热系数。

则
$$F = \frac{Q}{0.5(K' + K'')\Delta t'_p}$$

（9）预热器器壁温度 t_b。预热器器壁温度计算的目的，在于正确选择预热器的材质，根据材质的允许使用温度，采用适当的流速和流动方向，达到预热器的可靠工作。在烟气侧和空气侧传热面积相同的情况下，金属预热器壁与烟气及空气的温度差与器壁两侧的传热系数成反比，即

$$\frac{\Delta t_k}{\Delta t_y} = \frac{a_y}{a_k}$$

式中　Δt_k——预热器器壁与空气的温度差 $t_b - t_k$，℃；

　　　Δt_y——预热器器壁与烟气的温度差 $t_y - t_b$，℃。

预热器器壁温度为

$$t_b = \frac{a_k t_k + a_y t_y}{a_k + a_y}$$

式中　a_k，a_y——烟气侧及空气侧传热系数，W/(m² · ℃)；

　　　t_k，t_y——烟气及空气的温度，℃。

当烟气与空气侧传热面积明显不同时，有

$$t_b = \frac{F_k a_k t_k + F_y a_y t_y}{F_k a_k + F_y a_y}$$

式中　F_k，F_y——烟气侧及空气侧包括扩展面在内的面积，m²。

（10）空气通道阻力。

1）空气在通道内流动时，有

局部阻力　$h_j = \rho \dfrac{\omega_k^2}{2} \varepsilon_1 \left(1 + \dfrac{t'_k}{273}\right) + \rho \dfrac{\omega_k^2}{2} \varepsilon_2 \left(1 + \dfrac{t''_k}{273}\right)$

摩擦阻力　$h_m = 0.04 \rho \dfrac{\omega_k^2}{2} \left(1 + \dfrac{t_p}{273}\right) \dfrac{L}{D_h}$

总阻力　$h = h_j + h_m$

式中　ω_k——通道内空气流速，m/s；

　　　ρ——通道内空气密度，kg/m³；

　　t'_k，t''_k——进、出通道的空气温度，℃；

　　　t_p——通道内空气平均温度，℃；

　　ε_1，ε_2——通道进口及出口局部阻力系数；

　　　L——通道长度，m；

　　　D_h——管径或通道换算直径，m。

2）空气横向流过管束时，有

$$h = \rho \frac{\omega_k^2}{2} \varepsilon \left(1 + \frac{t_p}{273}\right)$$

式中　ω_k——管束最窄处空气流速，m/s；

　　　ε——管束的阻力系数，根据管束排列方案及管子排数而定。

3）顺列管束的阻力系数。

$$\varepsilon = \varepsilon_0 z$$

式中　　ε_0——每排管子的阻力系数。

当 $S_1 \leqslant S_2$，$0.12 \leqslant \varphi \leqslant 1$ 时，有

$$\varepsilon_0 = 1.52\left(\frac{S_1}{d} - 1\right)\varphi^{-0.2}Re^{-0.2}$$

$$\varphi = (S_1 - d)/(S_2 - d)$$

式中　　S_1，S_2——横向管及纵向管间距，mm；

d——管子外径，m。

当 $S_1 > S_2$，$1 < \varphi \leqslant 8$ 时，有

$$\varepsilon_0 = 0.32\left(\frac{S_1}{d} - 1\right)^{-0.5}(\varphi - 0.9)^{-0.68}Re^{-0.2/\varphi^2}$$

4）错列管束的阻力系数。

$$\varepsilon = \varepsilon_0 \ (z+1)$$

式中　　ε_0——每排管子的阻力系数；

z——管子排数。

$$\varepsilon_0 = C_s Re^{-0.27}$$

当 $S_1/d < 2$，$0.14 \leqslant \varphi < 1.7$ 时，有

$$C_s = 3.2 + (4.6 - 2.7f)(z - S_1/d)$$

$$f = (S_1/d - 1)/(S_2/d - 1)$$

当 $S_1/d \geqslant 2$，$C_s = 3.2$，$1.7 \leqslant \varphi \leqslant 5.2$ 时，

$$C_s = 0.44(f + 1)^2$$

2.5.5.2　金属管状预热器设计计算

A　原始数据及有关参数

烟气量 $V_y = 79295\text{m}^3/\text{h}$，进预热器烟气温度 $t_y' = 750℃$，预热空气量 $V_k = 52000\text{m}^3/\text{h}$，进预热器空气温度 $t_k' = 20℃$，空气预热温度 $t_k'' = 550℃$。烟气中含 16.25% 的 CO_2、10.53% 的 H_2O。

B　求预热器后烟气温度 t_y''

（1）空气在预热器中获得的热量可由下式求得：

$$Q = c_{kp}V_k''(t_k'' - t_k') \quad \text{kJ/h}$$

由于钢管预热器比较严密，故进出预热器的空气与烟气量保持不变。

$$V_k' = V_k'' = 38870 \times 1.1 \times 1.23 = 52591\text{m}^3/\text{h}$$

$$V_y' = V_y'' = 38870 \times 2.04 = 79295\text{m}^3/\text{h}$$

$$c' \approx c'' = 1.325\text{kJ}/(\text{m}^3 \cdot ℃)$$

$$t_k' = 20℃, \quad t_k'' = 550℃$$

所以　　　　$Q = c_{kp}V_k''(t_k'' - t_k')$

$$= 1.325 \times 52591 \times (550 - 20) = 36932030\text{kJ/h}$$

（2）出预热器烟气温度为

$$t''_y = \frac{c'_y V'_y t'_y - Qm}{c''_y V''_y} = \frac{1.49 \times 79295 \times 750 - 36932030 \times 1.10}{1.44 \times 79295} = 420℃$$

因为烟气出口温度低于空气预热后的温度，故采用错、逆流方案。

（3）求对数平均温度 Δt_p。

$$\Delta t' = t'_y - t''_k = 750 - 550 = 200℃$$

$$\Delta t'' = t''_y - t'_k = 420 - 20 = 400℃$$

$$P = \frac{550 - 20}{750 - 20} = 0.726$$

$$R = \frac{750 - 420}{550 - 20} = 0.622$$

查得 $\varepsilon = 0.93$，则

$$\Delta t_p = \varepsilon \frac{\Delta t' - \Delta t''}{\ln \dfrac{\Delta t'}{\Delta t''}} = 0.93 \times \frac{200 - 400}{\ln \dfrac{200}{400}} = 268℃$$

（4）总传热系数。管子外径 $d_1 = 50mm$，内径 $d_2 = 44mm$，管子间距 $S_1 = 100mm$，$S_2 = 80mm$，烟气流速 $\omega_y = 2.5m/s$，管内空气流速取 8.0m/s。

1）求烟气侧传热系数。先求烟气对流传热系数，烟气流路的雷诺数为

入口 $\quad Re' = \dfrac{\omega'_y d_1}{v'} = \dfrac{2.5 \times 0.05 \times (273 + 750)}{122 \times 10^{-6} \times 273} = 3839$

出口 $\quad Re'' = \dfrac{\omega''_y d_1}{v''} = \dfrac{2.5 \times 0.05 \times (273 + 420)}{60 \times 10^{-6} \times 273} = 5084$

假定管子排数在 10 排以上，入口壁温 680℃，出口壁温 300℃，查得

入口 $\quad a' = a_0 C_t C_1 y = 41.6 \times 1.61 \times 0.9 \times 1 = 60.3 W/(m^2 \cdot ℃)$

出口 $\quad a'' = a_0 C_t C_1 y = 41.6 \times 1.22 \times 0.9 \times 1 = 45.6 W/(m^2 \cdot ℃)$

由烟气的辐射传热系数可查得烟气成分（$a = 1.1$ 时）为 $10.53\% H_2O$、$16.25\% CO_2$，平均射线行程 L 为

$$L = \left(1087 \frac{S_1 + S_2}{d} - 4.1\right) d = \left(1.87 \times \frac{0.1 + 0.08}{0.05} - 4.1\right) \times 0.05 = 0.15m$$

查得 CO_2 黑度为

$$P_{CO_2} L = 0.1625 \times 0.15 = 0.0244 m \cdot Pa$$

入口 $\quad \varepsilon'_{CO_2} = 0.074$

出口 $\quad \varepsilon''_{CO_2} = 0.069$

同样得 H_2O 的黑度为

$$P_{H_2O} L = 0.1053 \times 0.15 = 0.0158 m \cdot Pa$$

入口 $\quad \varepsilon'_{H_2O} = 0.041 \times 1.12 = 0.046$

出口 $\quad \varepsilon''_{H_2O} = 0.062 \times 1.12 = 0.069$

辐射传热系数为

入口 $a_f' = 4.6(\varepsilon_{CO_2} + \varepsilon_{H_2O})a_{fl} = 4.6 \times (0.074 + 0.046) \times 45 = 24.84W/(m^2 \cdot ℃)$

出口 $a_f'' = 4.6 \times (0.069 + 0.069) \times 12.5 = 7.9W/(m^2 \cdot ℃)$

因此烟气侧综合传热系数为

入口 $a_y' = a_f' + a' = 60.3 + 24.84 = 85.14W/(m^2 \cdot ℃)$

出口 $a_y'' = a_f'' + a'' = 45.6 + 7.9 = 53.5W/(m^2 \cdot ℃)$

2）求空气侧传热系数。先计算 Re，有

入口 $Re' = \dfrac{dw\gamma}{\mu g} = \dfrac{0.044 \times 8.2 \times 1.293}{1.85 \times 10^{-6} \times 9.8} = 25732$

出口 $3.1Re'' = \dfrac{dw\gamma}{\mu g} = 3.1 \times \dfrac{0.044 \times 8.2 \times 1.293}{1.85 \times 10^{-6} \times 9.8} = 79769$

Re 值大于 10000，传热系数为

入口 $a_k' = a_0 c_1 c_f c_1 = 40 \times 0.93 \times 0.67 = 25W/(m^2 \cdot ℃)$

出口 $a_k'' = 40 \times 1.37 \times 1.05 = 57.5W/(m^2 \cdot ℃)$

3）总传热系数。

入口 $K' = \dfrac{1}{\dfrac{1}{a_y'} + \dfrac{1}{a_k'}} = \dfrac{85.14 \times 57.5}{85.14 + 57.5} = 34.32W/(m^2 \cdot ℃)$

出口 $K'' = \dfrac{1}{\dfrac{1}{a_y''} + \dfrac{1}{a_k''}} = \dfrac{53.5 \times 25}{53.5 + 25} = 17.03W/(m^2 \cdot ℃)$

平均值 $K = 0.5(K' + K'') = \dfrac{1}{2}(34.32 + 17.03) = 25.68W/(m^2 \cdot ℃)$

（5）受热面计算。

$$F = \frac{Q}{3.6K\Delta t_p} = \frac{36932030}{25.7 \times 268 \times 3.6} = 1489m^2$$

考虑积灰或其他因素受热面增加 6%，则

$$F' = 1489 \times 1.06 = 1578m^2$$

（6）管子排列。管子受热面按内外表面平均值计算，每米长管子受热面为

$$f = \pi\left(\frac{d_1 + d_2}{2}\right) = 0.5\pi(0.05 + 0.044) = 0.1476m^2$$

1）管子总长度 L 为

$$L = \frac{F'}{f} = \frac{1578}{0.1476} = 10691m$$

2）管子根数。空气流速 8.0m/s，每根管子的空气流量为

$$v_k = 3600\frac{p}{4}d_2^2 w_k = \frac{3.14}{4} \times 0.044^2 \times 8 \times 3600 = 43.77m^3/h$$

因此，单流程的并联的管子根数为

$$n = \frac{V_k}{v_k} = \frac{52591}{43.77} = 1200 \text{ 根}$$

由上式可知有 4 组并联预热器，每组并联预热器有 300 根单流程管子。

每组预热器含 2 个单体，每个单体 2 个行程，总共 4 个行程，每根管子长度为

$$l_1 = \frac{L}{4n} = \frac{10691}{4 \times 1200} = 2.2\text{m}$$

3）每个预热器管子的列数（烟囱的宽度方向）。烟气流速为 2.5m/s 时的流通面积为

$$f_y = \frac{79295}{3600 \times 2.5} = 8.8\text{m}^2$$

因为有 4 组并联预热器，则每组预热器烟气流通面积为 8.8/4 = 2.2m^2。

每根管子的流通面积为 3×0.05 = 0.15m^2，因此管子的列数为

$$y = \frac{f'_y}{(S_1 - d_1) \times l} = \frac{2.2}{(0.1 - 0.05) \times 2.2} = 20 \quad （取 20 列）$$

4）求每个预热器管子的排数。

$$x = \frac{300}{20} = 15 \quad （取 15 排）$$

5）每个预热器管子排列的结果。双行程，管子单长 2.2m，单管总数为 2×300 = 600 根，横向 20 根，纵向 30 根，管子规格 ϕ50。

（7）单个预热器的外形尺寸。

1）管子距集气箱边缘 b = 0.05~0.1m，取 b = 0.05m；

2）两集气箱间距 a = 0.05~0.2m，取 a = 0.06m；

3）预热器有效高度 2.2m（不含集气箱）。

预热器的宽度为

$$B = (y - 1)S_1 + 2b = (20 - 1) \times 0.1 + 2 \times 0.05 = 2.0\text{m}$$

预热器的长度为

$$L = 2(x - 1)S_2 + 4b + a = 2 \times (15 - 1) \times 0.08 + 4 \times 0.05 + 0.06 = 2.5\text{m}$$

管壁温度为

入口　$\dfrac{a''_k t''_k + a'_y t'_y}{a''_k + a'_y} = \dfrac{57.5 \times 550 + 85.14 \times 750}{57.5 + 85.14} = 670℃$

出口　$\dfrac{a'_k t'_k + a''_y t''_y}{a'_k + a''_y} = \dfrac{25 \times 20 + 53.5 \times 420}{25 + 53.5} = 293℃$

计算结果与前面假定温度入口为 680℃，出口为 300℃相差不多，管排数亦超过 10 排，与假定一致，故不必重算。

（8）空气与烟气侧通道阻力。

1）空气侧通道阻力 h_k。因为空气在管内流动，所以有

$$h_k = h_j + h_m = \rho\frac{\omega_k^2}{2}\varepsilon_1\left(1 + \frac{t'_k}{273}\right) + \rho\frac{\omega_k^2}{2}\varepsilon_2\left(1 + \frac{t''_k}{273}\right) + 0.04\rho\frac{\omega_k^2}{2}\left(1 + \frac{t_p}{273}\right)\frac{L}{D_h}$$

$$= 2 \times 8^2 \times 0.5 \times 1.29 \times \left(1 + \frac{20}{273}\right) + 1 \times 1.29 \times 8^2 \times 0.5 \times \left(1 + \frac{550}{273}\right) + 0.04 \times 1.29 \times 0.5 \times 0.8^2 \times$$

$$\left(1 + \frac{550 + 20}{2 \times 273}\right) \times \frac{1.069}{0.044}$$

$$= 227.3\text{Pa}$$

2）烟气侧通道阻力 h_y。烟气在管外流动，横向正面流过管束。

已知 $S_1 = 100mm$，$S_2 = 80mm$，$d_1 = 50mm$，管子排数 $z = 30$，$\omega_y = 2.5m/s$，$Re' = 3839$，$Re'' = 5084$，$t_y = 0.5$（$750+420$）$= 585℃$，则

$$\varphi = \frac{S_1 - d_1}{S_2 - d_1} = \frac{0.1 - 0.05}{0.8 - 0.05} = 1.33$$

当 $S_1 > S_2$，且 $1 < \varphi \leqslant 8$ 时，有

$$\varepsilon_0 = 0.32 \left(\frac{S_1}{d_1} - 1 \right)^{-0.5} (\varphi - 0.9)^{-0.68} Re^{-0.2/\varphi^2}$$

$$= 0.32 \left(\frac{0.1}{0.05} - 1 \right)^{-0.5} (1.33 - 0.9)^{-0.68} 4462^{-0.2/1.33^2}$$

$$= 0.22$$

$$\varepsilon = \varepsilon_0 z = 0.22 \times 30 = 6.6$$

则烟气侧阻力为

$$h_y = \rho_y \frac{\omega_y^2}{2} \varepsilon \left(1 + \frac{t_y}{273} \right)$$

$$= 0.1 \times \frac{2.5^2}{2} \times 6.6 \times \left(1 + \frac{585}{273} \right)$$

$$= 7.37Pa$$

2.5.6　烟道阻力计算

（1）烟道相关参数见表 2-5-3。

表 2-5-3　烟道参数

项　目	符　号	数　值	单　位
气体速度	w_0	3	m/s
预热器前气体温度		750	℃
预热器后气体温度		420	℃
气体密度	r_0	1.32	kg/m^3
烟道断面积	f	3.50	m^2
周长		5.99	m
烟气量	v	26.99	m^3/s

速度头为

$$h_t = \frac{w_0^2}{2g} r_0 (1 + \beta t)$$

则　$h_{t前} = 3^2 \div 2 \div 9.8 \times 1.32 \times$（$1 + 750 \times 273$）$= 2.27mmH_2O$

　　$h_{t后} = 3^2 \div 2 \div 9.8 \times 1.32 \times$（$1 + 420 \times 273$）$= 1.54mmH_2O$

（2）摩擦阻力损失见表 2-5-4。

表 2-5-4 摩擦阻力损失

项　目	符　号	数　值	单　位
摩擦系数	λ	0.05	
预热器前管长	L	23.7	m
预热器后管长	L	7.48	m
平均通径	d	1.74	m

摩擦阻力系数为

$$K = \lambda L / d$$

则　　$h_{摩} = Kh_t = \dfrac{\lambda}{d}(L_{前}\, h_{t前} + L_{后}\, h_{t后})$

$$= 0.05 \div 1.74 \times （23.7 \times 2.27 + 7.48 \times 1.54） = 1.9 \text{mmH}_2\text{O}$$

（3）局部阻力损失见表 2-5-5。

表 2-5-5 局部阻力损失

阻力形状	阻力系数	换热器前阻力数量	换热器后阻力数量
30°弯	0.12	0	0
45°弯	0.2	0	0
60°弯	0.49	0	0
90°弯	1.1	3	0
扩散	0.26	1	0
逐渐收缩	0.1	0	1
分流	0.22	0	0
群通道合流	1.5	0	0
下降烟道	0.5	2	0
升降闸板	1.50	0	1
回转闸板	1.54	0	0
进烟囱	1.45	0	1

换热器前局部阻力系数为

$$\sum \xi_{i前} = 1.1 \times 3 + 0.1 \times 1 + 0.5 \times 1 + 0.26 \times 1 = 4.16$$

换热器后局部阻力系数为

$$\sum \xi_{i后} = 0.1 \times 1 + 1.5 \times 1 + 1.45 \times 1 = 3.05$$

则　　$h_{局} = \sum \xi_i \times h_t = 4.16 \times 2.27 + 3.05 \times 1.54 = 14.1 \text{mmH}_2\text{O}$

换热器损失为 7.40mmH$_2$O

（4）烟道总阻力损失。

$$h = h_{摩} + h_{局} + h_{换} = 1.9 + 14.1 + 7.4 = 23.4 \text{mmH}_2\text{O}$$

2.5.7　烟囱高度计算

烟囱高度计算式及结果见表 2-5-6。

表 2-5-6　烟囱高度计算

项　目	代号	公　式	数值	单位	备　注
烟道总阻力	$\sum h$	由烟道计算	23.4	mmH$_2$O	
抽力系数	K	在 1.1~1.25 间选取	1.2		
烟囱有效抽力	h_y	$h_y = H\sum h$	28.08	mmH$_2$O	
入烟囱烟气量	V	另行计算	26.99	m^3/s	
烟囱底部温度	t_2	由烟道计算	420	℃	
烟囱顶部温度	t_1	$t_1 = 420 - 50 \times 1$	370	℃	
烟囱内烟气平均温度	t	$t = 0.5\ (t_1 + t_2)$	395	℃	
烟囱出口速度	w_1	采用 2.5~5	4	m/s	
烟囱出口直径	d_1	$d_1 = 1.13\ \sqrt{V/w_1}$	2.9	m	
烟囱底部直径	d_2	$d_2 = 1.5 d_1 = 1.5 \times 2.9$	4.4	m	
烟囱平均内径	d	$d = 0.5\ (d_1 + d_2)$	3.65	m	$a = 1.6$
烟囱底部流速	w_2	$w_2 = \dfrac{1.27V}{d_2^2}$	1.77	m/s	预设
烟囱内平均流速	w	$w = 0.5\ (w_1 + w_2)$	2.885	m/s	$H = 50$m
顶部速度头	h_1	按 w_1 及 t_1 查取	1.5	mmH$_2$O	
底部速度头	h_2	按 w_2 及 t_2 查取	0.38	mmH$_2$O	
平均速度头	h	按 w 及 t 查取	0.85	mmH$_2$O	
大气温度	t_0	按最高月平均温度	20	℃	
大气压力	B	按当地气压由图查取	760	mmHg	
每米高度上的几何压头 每米烟囱的摩	h_m	$h_m = \lambda h / d$	0.64	mmH$_2$O	
烟囱计算高度	H	$H = \dfrac{h_y + (h_1 - h_2)}{h_j \dfrac{B}{760} - \dfrac{\lambda}{d} h}$	47.4	m	
采用的烟囱高度			50	m	

3 环形炉设计实例

环形加热炉多用于无缝钢管厂加热圆柱形钢坯使用，整个炉子似一个巨大的环形，钢坯在炉底呈扇形布置，随炉底旋转进入各温度段，使放置在炉底上的坯料在炉内由装料口移到出料口完成加热。

本设计主要针对中径 42m 环形加热炉尺寸、燃料和排烟系统进行设计，具体包括燃料燃烧计算、钢坯加热时间计算、炉子基本尺寸的确定、热平衡计算、燃料消耗量的确定以及排烟系统计算。炉子分为七段式，预热段为一段，加热段分为加热一段、加热二段、加热三段、加热四段，均热段分为均热一段、均热二段。

本设计采用天然气作为环形加热炉的主要燃料，其具有发热量高、含惰性气体少、环境污染小、工业经济价值高等特点。

本设计中环形加热炉的排烟方式采用机械排烟。由于炉子排烟系统阻力较大，故采用排烟机直接排烟的形式进行排烟。在排烟系统设计中，主要进行了烟道阻力的计算、烟囱的计算、炉膛内阻力的计算、掺冷风机的选取以及排烟机的选取等工作。

3.1 设计目的及基本条件

3.1.1 加热炉炉型的选择

环形炉是炉底机械旋转运行的机械化炉底炉，主要用来加热圆钢坯和其他异型钢坯，也可以加热方坯。钢坯在炉内以放射性方式放置。在每一转动角度下，钢坯向前前进一定距离，从而保证钢坯的加热温度更均匀。

环形炉沿炉长分为均热段、加热段和预热段。预热段不供热，以防止入炉钢坯骤然受到强大热流冲击产生变形。加热段和均热段采用分段供热，进行燃烧和温度控制，保证长度上的均匀性。在燃烧方式上本设计采用钢管式预热器预热空气助燃的方式燃烧。

环形炉进、出料采用装、出料机进行，装、出料的最小周期可达 27s，能保证每小时最大 130 根的出料频率。

环形炉的炉底机械均采用销齿式传动机构。销齿传动机构是用液压缸传动，整个动作周期平稳、快速，采用液压比例控制，同时设备反向定心轮平衡方式进行定心，保证整个炉底的平稳、定心。

环形炉的机械运动采用 PLC 自动控制，装、出料端设有工业电视，用于监视炉内钢坯的装、出料操作。

3.1.2 设计的主要内容

设计的主要内容包括：

（1）选择合理的炉型结构，采用中径 42m 的环形加热炉。

（2）燃料燃烧计算，包括理论空气需要量、实际空气需要量、燃烧产物量，理论燃烧温度等。

（3）钢坯加热时间计算，分为五个计算段，分别进行计算。

（4）炉子基本尺寸的确定，包括炉膛宽度、炉膛高度、炉体长度、环形炉中径、各段长度的确定等。

（5）热平衡计算及燃料消耗量的确定。

（6）排烟系统的设计，包括烟道阻力计算、烟囱的计算、炉膛内阻力计算、掺冷风机的选取、排烟机的选取等。

3.1.3 基本设计条件

3.1.3.1 炉型及数量

一座采用常规燃烧技术的环形加热炉。

3.1.3.2 加热管坯种类

结构管、流体输送管、油管、套管的管坯等。

环形炉加热的管坯材质及规格主要有以下几种：

材质：20 号、32-34Mn、45 号、16Mn、27SiMn、15-30CrMo

各品种的管坯规格组成：

直径/mm	长度/m	最大质量/kg	生产节奏/pcs·h^{-1}
ϕ200	1.3~4.5	1340	120
ϕ280	1.3~4.5	2174	80
ϕ300	1.3~4.5	3021	60

3.1.3.3 钢管坯加热要求

（1）装炉温度：常温；

（2）出炉温度：1220~1280℃。

为满足产品质量的要求，在加热炉的出炉侧，加热后的管坯温度必须满足以下要求：

管坯端面温度差≤15℃

管坯径向温度的温差≤10℃

管坯穿孔前温度≥1220~1280℃

3.1.3.4 环形炉生产能力

（1）环形加热炉平均产量：平均 160t/h，每小时出料 120 根；

（2）环形加热炉最大产量：最大 180t/h，每小时出料 130 根；

（3）理论设计出钢周期：<27s/根。

3.1.3.5 装、出料方式

采用装、出料机进行。装、出料的最小周期可达 27s，能保证每小时最大 130 根的出料频率。

3.1.3.6 燃料条件

（1）燃料种类：天然气；

（2）发 热 值：8500×4.186kJ/m^3（标准状态）；

（3）接点压力：9000Pa。

3.1.4 炉型特点与节能措施

3.1.4.1 环形加热炉炉型特点

环形加热炉与其他形式的加热炉相比，有许多突出的优点：

（1）可以加热推钢式连续加热炉和步进式炉所不能加热的异型坯料。

（2）可以根据需要改变坯料在炉内的分布，从而改变加热制度，在生产中有较大的灵活性。对于品种多、加热制度复杂的合金钢尤为突出。

（3）坯料在整个加热过程中，随炉底一起旋转，不需要拨钢或翻钢操作，与炉底没有摩擦和振动，钢坯氧化铁皮不易掉落。同时除装出料门外，没有其他开口，冷空气不易渗入，因此这种炉子氧化烧损较少。

（4）坯料在炉底上相互间隔放置，三面受热，加热时间短，温度均匀，没有水冷"黑印"，加热质量较好。

（5）与推钢式连续加热炉比较，炉子容易排空，可避免钢坯在炉内长期停留，同时便于更换钢坯规格。

（6）转底炉的机械化自动化程度较高，装、出料与坯料在炉内运送均可自动运行。

当然，环形加热炉也有其缺点，主要是：

（1）炉子是圆形的，特别是大直径的环形炉，占用厂房面积较大。建两座环形炉时，由于装、出料运输等原因，占用厂房面积更大，布置也较困难。

（2）环形炉相当于一台头尾相接的连续炉，装出料炉门之间距离很近，因此备料和装料区域的面积受限制，操作不方便。

（3）转底式炉一经建成，改建或扩建都比较困难，因此发展的余地和潜力都较小。

（4）钢坯在炉内以辐射状间隔分布，炉底面积利用较差，特别是炉膛较宽的炉子，炉底外半环利用率较低。

（5）炉子砌筑中需用异型砖较多，修砌质量要求较高，炉子总的建造费用较高。

3.1.4.2 环形加热炉设计技术特点

炉子采用侧加热和顶部加热相结合，按 6 个供热区进行控制，目的是最大限度地利用热能保证坯料的加热工艺和均热要求。

为方便烧嘴安装和以后的维护工作，在炉子内外环各设置适宜的操作检修平台。

按节能炉型确定炉子热回收段，充分利用烟气预热入炉坯料。在炉子烟道设有高效金属管状空气换热器，将助燃空气预热到 400℃，以充分回收出炉烟气带走的热量，节约燃料消耗。

烟气在炉子中与坯料运动方向逆向流动，从而对钢坯进行加热，废气由内环炉墙的排烟口经过预热器和烟囱排出。

炉体钢结构，耐火材料及活动炉底的结构设计充分考虑膨胀变形对活动炉底正常运行的影响，使设备运行的稳定性及可靠性大为提高。

炉顶、炉墙和炉底采用黏土结合浇注料加轻质保温材料的复合结构，最大程度上减少炉体散热损失。炉底耐火材料设计还考虑了抗渣性。

环形炉的装、出料均采用液压驱动的侧开炉门，这种侧开炉门设计可使传动装置有效地避开炽热的炉气，以保证其良好的使用寿命。

钢坯的装、出料机械采用成功、可靠的夹钳机构来完成，这种机构的机械手的动作是全自动的，可按事先的设定进行装、出料。两台机构都为电-液混合驱动。

活动炉底采用液压马达双向驱动，其定心采用液压定心方式。

环形炉所有液压执行机构由一套中央液压站提供动力源。

热工测量控制系统的主要功能包括：各区域的炉温自动控制、炉压自动控制、预热器自动保护以及煤气、空气管路故障自动应对、事故状态煤气自动安全切断功能等。

采取先进实用、安全、可靠的电控、仪控设备。根据不同工况准确匹配炉子供热量，保证坯料按最佳的工艺曲线加热和保温；传动控制系统完成对装、出料炉底运行和物料的在线跟踪，实现操作自动化，并预留通讯端口与用户轧钢车间的计算机系统相连。

3.1.4.3　环形加热炉节能措施

（1）炉膛温度。在加热炉内，根据钢坯分布和管坯温度信息，选择各控制段合理的炉温参数及钢坯停留时间，并确保各控制段的炉温稳定，才有可能使其在保证质量和产量的前提下，燃耗和氧化烧损最小。

（2）加热时间。应尽量避免在炉内同时加热不同大小的管坯，并针对不同大小的管坯，相应制定合理的加热制度，才能真正做到保证质量，并将燃耗和氧化烧损降到最小。

（3）空燃比控制参数。空燃比为进炉空气量和燃料流量的比值。只有确定燃烧过程空气过剩系数的总体水平，才能对各段的空燃比分布进行最佳设定，使其在高温段形成弱氧化性气氛，以减少管坯的氧化烧损，有效减少能耗。

（4）减少炉膛漏风。炉膛漏风，使得炉内烟气量增加，为保证加热炉稳定的炉膛温度，会造成燃料消耗增加；同时，由于炉膛漏风，使炉内烟气中氧含量增大，导致钢坯氧化加快，金属热损增大。因此，应最大限度减少炉膛漏风，这对加热炉有重大意义。

（5）余热利用降低排烟温度。出炉烟气约800℃，先通过钢管换热器将进炉空气预热至400℃左右，再设置余热锅炉回收废热、废气，节约能源。

3.2　炉子附属设备

3.2.1　装料机

加热的坯料通过上料辊台传送到装料炉门前的预定位置，即位于装料机下部的中心位置。装料机通过一个三点卡钳抓起坯料，提升并送入炉内相应位置。

钢坯的装料可以自动或手动控制操作。夹钳带保护措施以有效防止因横向冲击和骑料对夹钳和钳臂带来的损害。装、出料机上还另配有一套手动装置，当炉子供电系统出现故障时能人工驱动机械臂出炉。

单杆水冷式装料机技术参数：

最大坯重　　　　　　　　　3021kg

坯料直径　　　　　　　　　ϕ200mm，ϕ280mm，ϕ330mm

坯料长度　　　　　　　　　1300~4500mm

入炉温度	室温
行程周期	约27s
水平行程	约8900mm
平移速度	≥1m/s
平移精度	±10mm
驱动方式	上下与夹紧动作液压驱动，正、反转，变频调节
电机功率	22kW

3.2.2 出料机

出料机用于将坯料从炉内夹出，放置于出料台架上。出料机结构与装料机基本相同，出料机带有液压驱动的横向摆动装置，可以实现夹钳的横移。

单杆水冷式出料机技术参数：

最大坯重	3021kg
最大坯料尺寸	$\phi330×4500$mm
坯料最高温度	1280℃
行程周期	约27s
平移速度	≥1m/s
驱动方式	上下与夹紧动作液压驱动，前后动作变频电动机驱动
电动机功率	22kW

3.3 工艺流程简介

连铸坯经上料台架实现单根上料，在炉外上料辊道上经测长、核对、测温后，装料炉门打开，装料机向前移动到指定位置，夹钳向下运动到坯料上方，夹起坯料放入炉内指定位置后，装料机先向上移动，再向后移动到起始位置。炉底转动，使空料位对准装料炉门，装料机夹钳夹起坯料放入炉内，重复上述动作，直至装满加热炉。

入炉后的钢坯通过旋转炉底进行旋转移动，坯料先后经过预热段—加热一段—加热二段—加热三段—加热四段—均热一段—均热二段。预热段不供热，通过高温烟气进行钢坯预热，以防止入炉钢坯骤然受到强大热流冲击产生变形；进入加热段后，通过炉墙两侧的直焰侧烧嘴加热钢坯；最后进入均热段，通过顶部平焰烧嘴使钢坯受热均匀，缩小钢坯表面与中心的温差。另外在出料口处加设3台顶部平焰烧嘴，以保证在出料延迟时出料口处坯料的温度。环形加热炉根据入炉钢坯的温度调整其供热制度，使钢坯在到达出炉端时其温度也加热到预定的出钢温度。当发生故障时，可通过旋转炉底退出所有钢坯。

当钢坯加热到预定的轧制要求温度后，按照轧制节奏出炉。钢坯运行至炉内最后一个料位上，其温度也正好被加热到轧机要求的出钢温度，此时，环形加热炉也收到轧线计算机的要钢信号，出料炉门打开，出料机夹钳深入活动梁将钢坯取出放在出料台架上，后经辊道快速转送往轧机进行轧制。在钢坯出炉后出料炉门关闭。

3.4 环形炉主要技术参数

3.4.1 炉子主要尺寸

炉子主要尺寸如下：

环形炉中径	42000mm
炉子有效炉长	124320mm
炉子实际长度	131880mm
炉膛内宽	5280mm
预热段炉膛高	1300mm
加热段炉膛高	1800mm
均热段炉膛高	1500mm

3.4.2 炉子主要技术参数

炉子主要技术参数如下：

炉子用途	管坯轧制前加热
钢坯直径	$\phi200mm$、$\phi280mm$、$\phi330mm$
钢　　种	20 号、32-34Mn、45 号、16Mn、27SiMn、15-30CrMo
装炉温度	常温
出炉温度	1220~1280℃
平均产量	160t/h
最大产量	180 t/h
燃料及发热值	天然气，8500×4.186 kJ/m³（标准状态）
单位热耗	1.328GJ/t
燃料消耗量	7200m³/h
空气消耗量	70807 m³/h
烟气量	80381 m³/h
空气预热温度	400℃
布料方式	单、双排布料
布料角	1.2°~1.5°
最小料位数	232 个
隔墙数量	3 道隔墙，水冷结构

3.4.3 燃料条件

燃料条件如下：

燃料种类	天然气
发 热 值	8500×4.186 kJ/m³（标准状态）
接点压力	9000Pa

3.4.4 其他公用介质

（1）冷却水。具体要求如下：

循环水用量	230 t/h
接点压力	≥0.3~0.4MPa
水　质	硬度 8~10，悬浮物≤20mg/L
温　升	<10~15℃
事故水（循环水）	100 t/h（连续 5h）

（2）工业氮气。用于煤气管道的吹扫放散（若没有氮气，可用蒸汽代替），具体要求如下：

用 气 量	300m³/h，每次 30min
接点压力	≥0.3~0.4MPa

（3）压缩空气。具体要求如下：

用 气 量	8m³/min（标准状态）
接点压力	0.6MPa

（4）用电点。包括助燃风机、排烟机、液压站、进出料机、炉底机械、润滑等。

3.5　环形炉本体工艺与结构说明

3.5.1　炉体钢结构

炉子的钢结构稳定、合理，基本由型钢和钢板组成，根据不同方位采用螺栓或焊接结构。所有机构部件须经喷砂处理，并刷两遍底漆（高温部分使用高温底漆）和两遍面漆（高温部分使用高温面漆）。主要组成部件包括：

（1）炉底座框架、支撑、连接支架以及侧墙；

（2）炉顶钢结构；

（3）炉底上层分段组件；

（4）炉底下层分段框架组件与主传动框架；

（5）炉子操作和维护所必需的平台和梯子；

（6）钢结构烟道，包括预热器及支撑；

（7）还有其他必需的小的连接件，如螺栓等。

3.5.1.1　炉墙钢结构设计特点

环形炉炉体及炉墙钢结构的设计，充分考虑了大型环形炉长期高温作业所产生的膨胀问题。

大型环形炉生产时整个炉体产生很大的径向膨胀变形，阻止膨胀是不可能的。但完全可以通过设计合理的结构，使生产免受炉体变形的影响。

对炉体变形最为敏感的就是炉底支撑和驱动设备。本炉墙钢结构设计方案的最大特点就是将炉体支撑设备、炉底定心装置通过炉子侧墙钢结构底座连为一体，而不是将驱动支撑等机械设备直接固定在基础上。这样的优点在于将炉底及其支撑，传动系统与炉壳的相对变形及位移控制在最小的范围里，从而大大地降低了炉底设备由于炉体变形产生的应力，使设备运行的稳定性和可靠性大为提高。

3.5.1.2　炉底钢结构设计特点

环形炉炉底分为上下两层框架。上层与耐火材料相接触的是由多个独立的扇形型钢柔性框架，相互间采用高强螺栓连接，可适应和约束耐火材料炉底的强烈膨胀；下层为倒 V 字形钢结构刚性框架，直接与炉底支承辊、定心辊和液压马达相接触。

倒 V 字形钢结构刚性框架的优点在于：

（1）将炉底的支撑点及传动设备分散于炉底高温区域之外，降低了机械设备的热变形和工作温度。

（2）由于分为上下两层，上层钢结构的变形通过与下层的滑移，相当大部分膨胀被吸收，大大弱化了膨胀，保证了下层传动设备的稳定性。

（3）V 字形炉底框架结构炉底空间宽阔，具有良好的通风性能，可以明显地降低炉底钢结构表面温度，减少钢结构的膨胀量。

3.5.1.3　平台、栏杆及梯子

炉子平台采用钢格栅板结构，便于下层的通风和采光。为了便于检修，炉子的内、外环，炉顶及炉底均设置了布置周到的平台，各层平台通过梯子相连，可以通到各区段操作点。平台均设有安全栏杆。

3.5.2　炉门及窥视孔

3.5.2.1　炉门

加热炉除装料炉门和出料炉门外，在整个炉子四周炉墙上还装有必要的检修门、清渣门，其数量和尺寸的确定原则是使炉子获得最好的密封和操作过程中满足必要的维护和检修。

通过内、外环的检修人孔维修人员可进入炉内维修炉膛和炉底。此外，还设 2 套自密封式观察炉门用于日常炉底的检查和维修。

侧开式装出料炉门的特点：

由于出料炉门工作环境恶劣，常用的提升式炉门较难满足频繁开闭的装出料的长期使用要求。侧开式装出料炉门开闭系统，是将炉门的驱动机构巧妙地安排在炉门口高温区之下，并通过液压系统和炉门连杆机构实现炉门的无摩擦运行和柔性自寻面密封。

采用侧开式装出料炉门开闭系统，可以大大提高炉门密封的可靠性，降低能耗，改善工作环境。

3.5.2.2　窥视孔

（1）在炉子两侧墙处安设有多个窥视孔，用于日常生产操作时观察炉况。

（2）窥视孔为铸铁件，带玻璃视窗。

3.5.3　排渣系统

排渣系统分为炉底自动清渣系统和水封槽排渣系统 2 个部分。

3.5.3.1　炉底自动清排渣系统

根据经验，铸锭的加热期间会有大量的氧化铁皮剥落在炉底。一定时期积累后会影响

炉底的高度，并造成坯料滚动，从而影响自动装、出料。推荐采用自动清渣系统，完成自动清渣和排渣。自动清渣系统包括：

（1）电动自动扒渣机；

（2）气动出渣炉门；

（3）气动排渣系统。

扒渣机采用特别的水冷结构，由电动机驱动自动前进到炉内，液压驱动扒渣刮板下降到炉底，扒渣机退出炉膛将炉渣带出。气动出渣炉门与扒渣机连锁，实现自动清渣。其传动机构设计有限动机构，防止扒渣板抖动，实现良好的清渣效果。

炉渣进入水封槽后，由独特设计的排渣机构排除。这套干湿分离式气动排渣机构可将水封槽内的氧化铁皮与槽内水分离，并从渣斗排出炉外，能保证水封槽的水不会因出渣而排空，实现在线清渣。

清渣系统设置在炉子内环。

3.5.3.2　水封槽清渣

炉底和炉墙之间的环缝采用水封，水封系统由水封槽、活动刀、固定刀组成。活动刀安装在炉墙上不动，在活动刀底部装有刮板，这样炉底在转动时，可通过刮板把水封槽内的氧化铁皮和其他一些杂质刮到水封槽的漏斗处，最后通过漏斗清渣（如图 3-5-1 所示）。

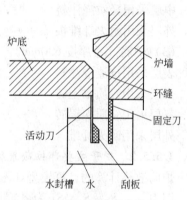

图 3-5-1　环缝水封示意图

3.5.4　三道隔墙设计

为了使炉子各段的温度更符合加热工艺的要求，环形加热炉都设有水冷梁支托的吊挂式隔墙（如图 3-5-2 所示）。其中，隔墙 A 的作用是防止高温炉气直接从出料端短路至装料端，浪费能源降低加热质量。

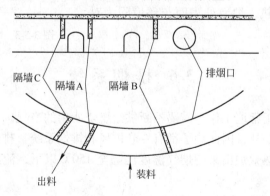

图 3-5-2　隔墙位置示意图

隔墙 B 的作用是防止从装料炉门进入的冷空气进入烟道，降低排烟温度影响换热器的热效率，浪费能源。

隔墙 C 的作用是防止均热段管坯因靠近出料门产生温降，影响加热质量，同时使炉膛压力受炉门开闭的影响减小，利于炉压的稳定。

3.5.5　砌筑材料

炉子内衬的耐火材料根据耐热温度和承载压力的不同分成不同规格。炉体外表面温度达到以下水平：炉侧墙温度≤80℃，炉顶温度≤120℃，炉底温度≤100℃（热短路点除外，环境温度为20℃）。在炉子正常使用情况下，炉底首层可保两年，炉子内衬保证8年不用大修。

3.5.5.1　炉子主要部位砌筑组成

（1）炉墙（总厚度582mm）。

表层采用重质浇注料　　　　　　　280mm
中层采用轻质保温砖　　　　　　　232mm
外层采用耐火纤维　　　　　　　　70mm

（2）炉顶（总厚度360mm）。

表层采用重质浇注料　　　　　　　250mm
中层采用轻质浇注料　　　　　　　80mm
外层采用耐火纤维板　　　　　　　30mm

（3）炉底（总厚度630mm）。

表层采用抗渣浇注料　　　　　　　230mm
二层采用轻质黏土砖　　　　　　　204mm
三层采用轻质保温砖　　　　　　　136mm
外层采用耐火纤维　　　　　　　　60mm

3.5.5.2　炉子主要部位砌筑材料界面温度计算

炉墙散热计算的计算模型如图3-5-3所示。

图中 S_1、S_2、S_3、S_4 为各层耐火材料厚度，t_1 为炉墙内表面温度，t_2、t_3、t_4 为各层耐火材料间的接触面温度，t_5 为炉墙外表面温度，t_6 为环境温度。耐火材料间为传导传热，炉墙外表面与环境间为对流传热。

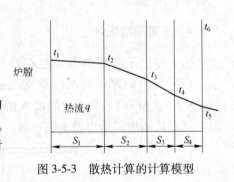

图 3-5-3　散热计算的计算模型

3.6　排烟系统

为了使加热炉能正常地工作，需要不断供给燃烧所用的空气，同时又要不断地把燃烧后产生的废烟气排出炉外，因此炉子都有一套供风和排烟系统。排烟系统包括排烟机、排烟管道和烟囱。从余热锅炉出来的烟气温度已降至150℃以下，流经换向阀、烟道和排烟机，进入烟囱排入大气。

3.6.1　机械排烟

3.6.1.1　排烟方式

工业炉的排烟方式分为自然排烟和机械排烟两种。

自然排烟：在自然排烟方式中，烟囱自然排烟是工业炉采用的一种主要排烟方式。它是依靠烟囱的自然抽力排烟的。烟囱的抽力，其大小必须足够克服烟气在烟道流动的能量损失和动压头增量。

强制排烟：当炉子排烟系统阻力较大不便于自然排烟或有其他特殊需要时，可以采用机械排烟方式。机械排烟分为直接式和间接式两种。

直接式：采用排烟机排烟。排烟机可以选用标准产品，其使用温度为200℃，最高不得超过250℃，排送温度超过250℃的烟气要将烟气预先掺冷或用其他办法降温后进入排烟机。必须直接排送高温烟气时要采用特殊设计的高温排烟机。

间接式：采用喷射器排烟。通常喷射器用的喷射介质为蒸汽、压缩空气或通风机送风。有些间断操作的炉子，为了能在点火后快速升温，并且减少排烟设施的基建投资，可以考虑采用喷射排烟。有些烟囱感到抽力不足时，也可以采用喷射器增加抽力。

3.6.1.2 烟囱自然排烟和排烟机排烟的比较

烟囱自然排烟和排烟机排烟各有其工作特点，适用于不同的排烟系统和不同的操作情况。这两种排烟方式的简单比较如下：

（1）烟囱自然排烟产生的抽力不可能很大，而排烟机排烟的抽力比较大。

（2）烟囱自然排烟中，根据烟囱产生抽力的原理，要求较高的烟气温度；排烟机要求通过的烟气温度一般不超过250℃。

（3）烟囱自然排烟中，点火后必须有一段时间烘热烟道和烟囱，然后逐渐形成抽力，所以不便于快速升温；排烟机启动后就能达到额定的抽力，便于间断操作炉子的快速升温。

（4）烟囱排烟的基础建设投资费用高，而排烟机排烟费用较低。

（5）烟囱在生产中不需要消耗动力，而排烟机需要消耗动力。

（6）烟囱基本上不用维修，工作可靠，而排烟机要定期维修。

（7）烟囱排烟的占地面积大，而排烟机排烟较小。

（8）烟囱排烟只能采用阻力小的除尘设施，而排烟机排烟可以采用阻力较大的除尘设施。

3.6.1.3 采用机械排烟的设计特点

在本次设计中，由于在烟道中出现了预热器、余热锅炉等热量回收系统以及在烟道中出现的各种闸阀，增加了整个排烟系统的阻力，不宜采用自然排烟，故决定采用机械排烟中用排烟机直接排烟的方式。具体的设计特点如下：

（1）排烟系统中通过排烟机排烟，代替了烟囱的自然抽力作用，故烟囱的高度不受抽力的影响，可以预先取定 $H = 25\text{m}$。

（2）环形加热炉环内空间大，将预热器、余热锅炉等设备放在环内形成架空部分的烟道，以充分利用环内空间。

（3）增加了掺冷风机，在预热器和排烟机前设置了掺冷风管道，防止温度过高烧坏设备。

（4）选用直径为2.67m的钢烟囱，由于从余热锅炉出来的烟气温度（大约150℃）较低，故采用了无内衬的钢烟囱。

3.6.2   烟道

3.6.2.1   烟道布置

布置烟道时要考虑下列情况：

（1）要求烟道路程短，局部阻力损失小。

（2）烟道要与厂房柱基、设备基础和电缆等保持一定距离，以免受烟道温度的影响，在本次设计中间距取 200mm。

（3）地下烟道不会妨碍交通和地面上的操作，因此一般烟道都尽量布置在地下。烟道顶部最高点一般离地面不小于 300mm，本次设计中取 700mm，烟道底部最低点尽可能在地下水位线以上。

（4）当地下水位较高时，为节省防水工程费用，也可以将烟道部分或全部建在地面上，此时烟道布置要尽可能减少对其他设施和交通的影响。

3.6.2.2   烟道人孔

烟道上一般要开设人孔，以便于清灰、检修和开炉时烘烤烟道。布置人孔时应从以下几方面考虑：

（1）一般每隔 20~30m 设置一个人孔。烟气含尘量大时，要适当缩短人孔之间的距离。

（2）人孔的位置要能到达烟道的各个部位，例如预热器等人不能通过的设备前后都要设置人孔。

（3）几个炉子共用一座烟囱时，一般在每个炉子的调节闸板和炉尾排烟口之间，设置人孔。

（4）位于露天地段的人孔，其顶部高度一般应高出周围地平面 150mm 以上，以免地表水灌入烟道，这种人孔的位置要尽量不妨碍交通。

3.6.2.3   烟道闸板

为了调节炉膛压力或阶段烟气，每座炉子一般都要设置烟道闸板。设计时应考虑：

（1）闸板的位置要便于操作和维修，有条件时，闸板要尽可能安装在室内不妨碍交通的地方。

（2）装在预热器前后的闸板，其位置和结构要尽量避免烟气通过预热器时产生偏流。

（3）烟道闸板的断面可以适当小于主烟道的断面，以利于改善闸板的调节性能。

在本次设计中，烟道是由地上架空烟道和地下烟道组成。预热器、余热锅炉、排烟机等重要设备均在架空烟道中，当设备发生故障时，可立即拆卸维修或更换。当地下烟道出现问题时，可从地下入口进入维修，故可不设置人孔。排烟机前安装有一个闸阀，可以通过它来调节炉膛压力或切断烟气，代替了烟道闸板的作用，因此不需要再设置烟道闸板。

3.6.2.4   烟气的流速

在排烟系统中，烟气的流速直接影响烟道断面的大小，系统的阻力损失和机械排烟的能力。因此，要从基建投资和经常动力消耗等因素，通过阻力损失计算和投资比较等结合考虑。在一般情况下，自然排烟时烟道内烟气流速可取 1.5~3m/s，机械排烟时可比自然排烟略高，这里取 4 m/s。

按照烟气流速确定烟道断面尺寸时要考虑：

（1）烟气含尘量大时，烟道积灰将影响烟气的流通面积，因此要适当加大烟道断面。

（2）最小烟道断面尺寸要考虑砌筑和清灰操作的方便。

3.6.2.5 烟道内烟气的温降

烟气流经烟道时，由于外部空气的渗入、不同温度烟气的汇合和烟道向周围散热等因素，烟气会产生温降。烟气经过烟道壁向周围的散热量，与烟道结构形式和土壤的传热条件有关。设计中烟道内的温降为 2℃/m。

3.6.2.6 烟道结构

烟道结构设计要考虑下列几个方面：

（1）拱顶角。烟道常用的拱顶角为 60°和 180°。烟气温度较高，烟道断面较大或受震动影响大的烟道，一般用 180°拱顶。同样烟道断面积时，60°拱顶的烟道高度可小些，但应注意防止因拱顶推力而使拱脚产生位移。

（2）烟气温度。烟道内衬黏土砖的厚度与烟气温度有关。当烟气温度为 500~800℃、烟道内宽小于 1m 时，一般用 113mm 黏土砖，大于 1m 时用 230mm 黏土砖。当烟道没有混凝土外框时，外层用红砖砌筑，其厚度应能保证烟道结构的稳定。

（3）荷重。地下烟道通过堆放钢料或有车辆通行、气锤振动等动载荷的区域时，烟道的结构要加固。用红砖外框的烟道要加厚红砖层厚度。当地面负荷大于 $7t/m^2$ 或土壤耐压力小于 $16t/m^2$，一般用钢筋混凝土外框加固。

（4）防排水。地下烟道处于地下水位线以下时，要采取防排水措施，一般用区域排水或防水套。由于受烟道内温度影响，采用混凝土外框时往往会产生裂纹而造成渗水，有时地下水位线以上的烟道，地表水也会渗入，因此烟道底部一般要有排水坡度，并有排水设施。

（5）沉降缝。烟道与炉子、烟囱和大型预热器等基础负荷较大的构筑物之间的接口处，要留设沉降缝；压在烟道上的负荷有显著变化的区段与两端接口之间，也要留设沉降缝。有防水套的烟道沉降缝要采取防水措施。

（6）膨胀缝。烟道长度较短、烟气温度较低时，可以考虑不留设膨胀缝。当需要留设膨胀缝时，黏土砖内衬一般每隔 3m 左右留 10~15mm 的膨胀缝。烟道的内衬拱顶和外层拱顶之间放 10~20mm 锯末或草袋，以避免内层拱顶受热向上膨胀顶住外层拱顶而造成损坏。

根据上述原则，经过后面 3.8.2.1 节计算，选择的烟道为：拱顶角 180°，烟道内宽 2320mm，高度 2928mm，当量直径 2617mm，烟道周长 9.45m，截面积 6.216m^2。

3.6.3 金属烟囱

3.6.3.1 适用条件

当受布置限制或烟气量较小、烟气温度较低时，有些炉子用穿出厂房屋面或侧墙的金属烟囱排烟。

3.6.3.2 结构设计

金属烟囱用 4~12mm 厚的钢板制作，当烟气温度高于 350℃时要砌内衬，一般 350~

500℃用红砖衬砌全高的1/3，500~700℃全高用红砖衬砌，700℃以上全高用耐火砖衬砌，衬砖厚度一般为半砖。本次设计中，采用12mm厚的钢板制作烟囱，由于从余热锅炉出来的烟气温度较低，大约在150℃，所以不需要内衬。

金属烟囱为焊接结构，沿高度方向按每2~3m为一段分成若干段，每段之间在筒内焊一角钢或钢板圈用以托住这段内的衬砖并留出膨胀缝。衬砖与筒身之间也要适当留出膨胀缝。

金属烟囱通常用拉条固定，拉条用圆钢或钢丝绳制作，上端与烟囱上的法兰连接，下部与屋面或地面上的锚固件连接，每根拉条装有松紧螺栓，以便使拉条张紧。烟囱不大且周围有坚固的建筑物则可固定在建筑物上。

3.6.4　掺冷风系统

3.6.4.1　预热器前掺冷
为保护预热器，在烟气侧配有掺冷风管道，在空气侧配有热风放散系统。

当炉子发生故障时，出炉烟气温度过高，例如出炉烟气温度为950℃，为了防止烧坏预热器，需要掺入冷风，把温度降至850℃左右。

3.6.4.2　排烟机前掺冷
排烟机使用温度为200℃，最高不得超过250℃，排送温度超过250℃的烟气要预先掺冷或用其他办法降温后进入排烟机。

当余热锅炉或烟道其他设备发生故障，导致进入排烟机的烟气温度超过250℃时，就需要掺入冷风，将温度降至250℃以下。

3.6.4.3　掺冷风机
掺冷风机提供的最大风量要同时满足预热器前掺冷和排烟机前掺冷所需要的风量之和。根据计算出来的数据，选定型号。具体参数如下：

掺冷风机的型号	G4-68No.9D
掺冷风机的转速	1450r/min
掺冷风机的全压	2491Pa
掺冷风机的流量	33544m^3/h
掺冷风机的内效率	91.5%
掺冷风机的内功率	25.36kW
电动机型号	Y200L-4
电动机功率	30kW

3.6.5　排烟机

排烟系统中通过排烟机排烟，代替了烟囱的自然抽力作用。排烟机输送的介质为烟气，最高温度不得超过250℃。当输送的烟气温度超过250℃时，需要掺入冷空气，降低其温度。

选定的排烟机具体参数如下：

排烟机的型号　　　　　Y4-73No.20D

排烟机的转速	960r/min
排烟机的全压	3290Pa
排烟机的流量	254670m³/h
排烟机的内效率	86.8%
排烟机的内功率	265.07kW
电动机型号	JSQ1410-6
电动机功率	380kW

3.7 环形加热炉尺寸、燃料部分设计计算

3.7.1 燃料燃烧计算

3.7.1.1 燃料成分

公式及计算过程参见《工业炉设计手册》第3章第2节,《钢铁厂工业炉设计参考资料》上册第5章第2节及《冶金加热炉设计与实例》第2章。其中空气过量系数选取1.05~1.10（参见《钢铁厂工业炉设计参考资料》上册表5-12）。

已知的天然气成分见表3-7-1。

表 3-7-1 天然气成分

天然气成分	CH_4	CO	H_2	N_2	C_2H_6	C_3H_8	H_2S
体积分数/%	97.10	0.01	0.09	1.95	0.48	0.06	0.31

3.7.1.2 空气需要量和燃烧产物量及其成分的计算

理论空气需要量：

$$L_0 = \frac{0.5\varphi(H_2)_\% + 0.5\varphi(CO)_\% + 2\varphi(CH_4)_\% + 3.5\varphi(C_2H_6)_\% + 5\varphi(C_3H_8)_\% + 1.5\varphi(H_2S)_\%}{21}$$

$$= \frac{0.5\times0.09+0.5\times0.01+2\times97.1+3.5\times0.48+5\times0.06+1.5\times0.31}{21}$$

$$= 9.366 m^3/m^3 \tag{3-7-1}$$

式中，$\varphi(H_2)_\%$、$\varphi(CO)_\%$、$\varphi(CH_4)_\%$、$\varphi(C_2H_6)_\%$、$\varphi(C_3H_8)_\%$、$\varphi(H_2S)_\%$为燃料中各成分的体积分数,%。

空气过剩系数取 $n=1.05$。

实际空气需要量：

$$L_n = nL_0 = 1.05 \times 9.366 = 9.8343 m^3/m^3 \tag{3-7-2}$$

燃烧产物量：

$$V_n = V_{CO_2} + V_{H_2O} + V_{N_2} + V_{O_2} \quad m^3/m^3 \tag{3-7-3}$$

因为

$$V_{CO_2} = (\varphi(CO)_\% + \varphi(CH_4)_\% + 2\varphi(C_2H_6)_\% + 3\varphi(C_3H_8)_\%) \times 0.01 \tag{3-7-4}$$

$$= (0.01 + 97.1 + 2 \times 0.48 + 3 \times 0.06) \times 0.01 = 0.9825 m^3/m^3$$

$$V_{H_2O} = (2\varphi(CH_4)_\% + 3\varphi(C_2H_6)_\% + 4\varphi(C_3H_8)_\% + \varphi(H_2)_\% + \varphi(H_2S)_\% + 0.124L_n g_{H_2O}^{干}) \times 0.01$$
$$= (2\times97.1+3\times0.48+4\times0.06+0.09+0.31+0.124\times9.8343\times27.2) \times 0.01$$
$$= 2.2945 m^3/m^3 \tag{3-7-5}$$

式中　L_n——实际空气需要量，m^3/m^3；

　　　$g_{H_2O}^{干}$——$1m^3$ 干气体所吸收的水蒸气的质量，g/m^3。

$$V_{N_2} = (\varphi(N_2)_\% + 79L_n) \times 0.01 = (1.95 + 79 \times 9.8343) \times 0.01 = 7.789 m^3/m^3 \tag{3-7-6}$$

式中　$\varphi(N_2)_\%$——燃料中氮气的体积分数，%；

　　　L_n——实际空气需要量，m^3/m^3。

$$V_{O_2} = 21 \times (n-1)L_0 \times 0.01 = 21 \times 0.05 \times 9.366 \times 0.01 = 0.098 m^3/m^3 \tag{3-7-7}$$

式中　n——空气过剩系数，取 $n=1.05$；

　　　L_0——理论空气需要量，m^3/m^3。

所以　$V_n = 0.9825+2.2945+7.789+0.098 = 11.164 m^3/m^3$

燃烧产物成分：

$$\varphi(CO_2) = \frac{V_{CO_2}}{V_n}\times100\% = \frac{0.9825}{11.164}\times100\% = 8.80\% \tag{3-7-8}$$

$$\varphi(H_2O) = \frac{V_{H_2O}}{V_n}\times100\% = \frac{2.2945}{11.164}\times100\% = 20.55\% \tag{3-7-9}$$

$$\varphi(N_2) = \frac{V_{N_2}}{V_n}\times100\% = \frac{7.789}{11.164}\times100\% = 69.77\% \tag{3-7-10}$$

$$\varphi(O_2) = \frac{V_{O_2}}{V_n}\times100\% = \frac{0.098}{11.164}\times100\% = 0.88\% \tag{3-7-11}$$

3.7.1.3　燃烧产物密度计算

燃烧产物密度：

$$\rho_气 = \frac{44\varphi(CO_2)_\% + 18\varphi(H_2O)_\% + 28\varphi(N_2)_\% + 32\varphi(O_2)_\%}{22.4 \times 100} \tag{3-7-12}$$

$$= \frac{44\times8.80+18\times20.55+28\times69.77+32\times0.88}{22.4\times100}$$

$$= 1.2227 kg/m^3$$

式中，$\varphi(CO_2)_\%$，$\varphi(H_2O)_\%$，$\varphi(N_2)_\%$，$\varphi(O_2)_\%$ 为燃烧产物中各成分的体积分数，%。

3.7.1.4　理论燃烧温度的计算

空气预热温度为400℃时，燃烧产生的热焓量：

$$i = \frac{Q_低^{用}}{V_n} + \frac{Q_空}{V_n} = \left(\frac{8500}{11.164} + \frac{400 \times 0.32 \times 9.8343}{11.164}\right) \times 4.18 \tag{3-7-13}$$

$$= 874.14\times4.18 kJ/m^3$$

式中　$Q_低^{用}$——燃料低位发热量，kJ/m^3，$Q_低^{用}=8500\times4.18 kJ/m^3$；

$Q_空$——空气的物理热量，kJ/m^3；

V_n——燃烧产物量，m^3/m^3。

燃烧产物中的空气含量：

$$V_L = \frac{(n-1)L_n}{V_n} \times 100\% = \frac{0.05 \times 9.8343}{11.164} \times 100\% = 4.405\% \qquad (3\text{-}7\text{-}14)$$

式中　n——空气过剩系数，$n=1.05$；

L_n——理论空气需要量，m^3/m^3；

V_n——燃烧产物量，m^3/m^3。

查《冶金加热炉设计与实例》图 2-3，得到理论燃烧温度 $t_理 = 2030℃$。

3.7.2　钢坯加热时间的计算

将环形加热炉按炉长方向分为五个计算段，每段炉气温度取平均值并视作不变，其中温度与时间的关系如图 3-7-1 所示。

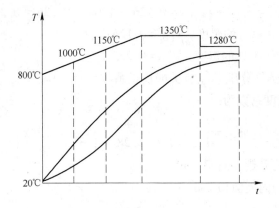

图 3-7-1　温度与时间的关系

下面分段计算加热时间。

3.7.2.1　第一计算段

入口炉气温度 $t_气^始 = 800℃$，出口炉气温度 $t_气^终 = 1000℃$。

炉气平均温度为

$$t_气^均 = \frac{t_气^始 + t_气^终}{2} = \frac{800+1000}{2} = 900℃ \qquad (3\text{-}7\text{-}15)$$

炉膛的内表面积为

$$F = 2(H+B)L = 2 \times (1.3+5.28)L_y = 13.16L_y \qquad (3\text{-}7\text{-}16)$$

式中　H——炉膛高度，m，设预热段高度 $H=1.3m$；

B——炉膛宽度，m，设炉膛宽度 $B=5.28m$；

L——炉膛长度，m；

L_y——预热段长度，m。

气层有效厚度为

$$S = \eta \frac{4V}{F} = 3.6 \times \frac{1.3 \times 5.28 L_y}{13.16 L_y} = 1.88 \text{m} \tag{3-7-17}$$

式中　η——气体的辐射有效系数，取 $\eta = 0.9$；

　　　V——充满气体的容器体积，m^3；

　　　F——容器的内壁面积，m^2；

　　　L_y——预热段长度，m。

则有　　　　　　　$P_{CO_2} S = 0.0880 \times 1.88 = 0.16544 \times 10^5 \text{Pa} \cdot \text{m} \tag{3-7-18}$

　　　　　　　　　$P_{H_2O} S = 0.2055 \times 1.88 = 0.38634 \times 10^5 \text{Pa} \cdot \text{m} \tag{3-7-19}$

式中　P_{CO_2}——炉气中 CO_2 的分压，Pa；

　　　P_{H_2O}——炉气中 H_2O 的分压，Pa。

当 $t_{气}^{均} = 900℃$ 时，有

$$\varepsilon_{CO_2} = 0.126, \quad \xi = 1.08, \quad \varepsilon'_{H_2O} = 0.225$$

所以，该段的炉气黑度为

$$\varepsilon_0 = \varepsilon_{CO_2} + \xi \varepsilon'_{H_2O} = 0.126 + 1.08 \times 0.225 = 0.369 \tag{3-7-20}$$

式中　ε_{CO_2}——炉气中 CO_2 的黑度，$\varepsilon_{CO_2} = 0.126$；

　　　ε'_{H_2O}——炉气中 H_2O 的黑度，$\varepsilon'_{H_2O} = 0.225$；

　　　ξ——和水蒸气分压 P_{H_2O} 有关的校正系数，$\xi = 1.08$。

砌体对钢坯的角度系数为

$$\phi_{12} = \frac{F_{金}}{F_{壁}} = \frac{4.5}{2 \times (5.28 + 1.3)} = 0.342 \tag{3-7-21}$$

式中　$F_{金}$——钢坯的受热表面积，m^2；

　　　$F_{壁}$——炉壁的内表面积，m^2。

综合辐射系数为

$$C_L = \frac{4.88 \varepsilon_0 \varepsilon_2 [1 + \phi_{12}(1 - \varepsilon_0)]}{\varepsilon_0 + \phi_{12}(1 - \varepsilon_0)(\varepsilon_0 + \varepsilon_2 - \varepsilon_0 \varepsilon_2)} \times 4.18 \tag{3-7-22}$$

$$= \frac{4.88 \times 0.369 \times 0.8 \times [1 + 0.342 \times (1 - 0.369)]}{0.369 + 0.342 \times (1 - 0.369) \times (0.369 + 0.8 - 0.369 \times 0.8)} \times 4.18$$

$$= 3.178 \times 4.18 \text{kJ}/(\text{m}^2 \cdot \text{h} \cdot \text{K}^4)$$

式中　ε_0——炉气黑度；

　　　ε_2——钢坯黑度；

　　　ϕ_{12}——砌体对钢坯的角度系数。

开始时给热系数为

$$\alpha_1 = \frac{C_L \left[\left(\frac{T_{气}^{均}}{100} \right)^4 - \left(\frac{T_{表}^{始}}{100} \right)^4 \right]}{t_{气}^{均} - t_{表}^{始}} \tag{3-7-23}$$

$$= \frac{3.178 \times 4.18 \times \left[\left(\frac{900 + 273}{100} \right)^4 - \left(\frac{20 + 273}{100} \right)^4 \right]}{900 - 20}$$

$$= 68.10 \times 4.18 \text{kJ}/(\text{m}^2 \cdot \text{h} \cdot ℃)$$

式中　C_L——综合辐射系数，$\text{kJ}/(\text{m}^2 \cdot \text{h} \cdot \text{K}^4)$；

　　　$t_气^均$——炉气平均温度，℃；

　　　$t_表^始$——钢坯表面初始温度，℃。

结束时给热系数为

$$\alpha_2 = \frac{C_L\left[\left(\dfrac{T_气^均}{100}\right)^4 - \left(\dfrac{T_表^终}{100}\right)^4\right]}{t_气^均 - t_表^终} \tag{3-7-24}$$

$$= \frac{3.178 \times 4.18 \times \left[\left(\dfrac{900+273}{100}\right)^4 - \left(\dfrac{350+273}{100}\right)^4\right]}{900-350}$$

$$= 100.68 \times 4.18 \text{kJ}/(\text{m}^2 \cdot \text{h} \cdot ℃)$$

式中　C_L——综合辐射系数，$\text{kJ}/(\text{m}^2 \cdot \text{h} \cdot \text{K}^4)$；

　　　$t_气^均$——炉气平均温度，℃；

　　　$t_表^终$——钢坯表面终了温度，℃。

则平均值为

$$\alpha = \frac{1}{2}(\alpha_1 + \alpha_2) \tag{3-7-25}$$

$$= \frac{1}{2} \times (68.10 + 100.68) \times 4.18 = 84.39 \times 4.18 \text{kJ}/(\text{m}^2 \cdot \text{h} \cdot ℃)$$

导热系数为

$$\lambda = \frac{\lambda_{20} + \lambda_{350}}{2} = \frac{(44.48 + 37.50) \times 4.18}{2} = 40.99 \times 4.18 \text{kJ}/(\text{m} \cdot \text{h} \cdot ℃) \tag{3-7-26}$$

式中　λ_{20}——钢坯在20℃时的导热系数，$\text{kJ}/(\text{m} \cdot \text{h} \cdot ℃)$；

　　　λ_{350}——钢坯在350℃时的导热系数，$\text{kJ}/(\text{m} \cdot \text{h} \cdot ℃)$。

$$Bi = \frac{\alpha S}{\lambda} = \frac{84.39 \times 4.18 \times 0.165}{40.99 \times 4.18} = 0.340 \tag{3-7-27}$$

式中　α——平均给热系数，$\text{kJ}/(\text{m}^2 \cdot \text{h} \cdot ℃)$；

　　　S——钢坯的透热深度（为钢坯的半径），m，$S=0.165\text{m}$；

　　　λ——平均导热系数，$\text{kJ}/(\text{m} \cdot \text{h} \cdot ℃)$。

$$\frac{t_气^均 - t_表^终}{t_气^均 - t_表^始} = \Phi_B\left(\frac{a\tau}{S^2}, \frac{\alpha S}{\lambda}\right) = \frac{900-350}{900-20} = 0.625 \tag{3-7-28}$$

式中　$t_气^均$——炉气平均温度，℃；

　　　$t_表^始$——钢坯表面初始温度，℃；

　　　$t_表^终$——钢坯表面终了温度，℃。

　　　a——钢坯的导温系数，m^2/h；

　　　τ——钢坯的加热时间，h；

α——平均给热系数，$kJ/(m^2 \cdot h \cdot ℃)$；

S——钢坯的透热深度（为钢坯的半径），m，$S=0.165m$；

λ——平均导热系数，$kJ/(m \cdot h \cdot ℃)$。

查《钢铁厂工业炉设计参考资料》上册，由图 8-43 或图 8-47，知 $F_0 = \dfrac{a\tau}{S^2} = 1.242$；

由图 8-44 或图 8-49，知 $\dfrac{\alpha S}{\lambda} = 0.340$ 及 $\dfrac{a\tau}{S^2} = 1.242$ 时 $\Phi_{ZX} = 0.700$。

由此，中心温度为

$$\begin{aligned} t_{中} &= t_{气}^{均} - \Phi_{ZX}(t_{气}^{均} - t_{表}^{始}) \\ &= 900 - 0.700 \times (900-20) \\ &= 284℃ \end{aligned} \tag{3-7-29}$$

式中　$t_{气}^{均}$——炉气平均温度，℃；

$t_{表}^{始}$——钢坯表面初始温度，℃。

温度差　$\Delta t = 350-284 = 66℃$

平均温度　$t = 284 + \dfrac{1}{2} \times 66 = 317℃$

平均导热系数为

$$\begin{aligned} \lambda &= \frac{1}{4}(\lambda_{20} + \lambda_{20} + \lambda_{350} + \lambda_{284}) \\ &= \frac{1}{4} \times (44.48 + 44.48 + 37.50 + 38.78) \times 4.18 \\ &= 41.31 \times 4.18 \, kJ/(m \cdot h \cdot ℃) \end{aligned} \tag{3-7-30}$$

式中　λ_{20}——钢坯在 20℃时的导热系数，$kJ/(m \cdot h \cdot ℃)$；

λ_{350}——钢坯在 350℃时的导热系数，$kJ/(m \cdot h \cdot ℃)$；

λ_{284}——钢坯在 284℃时的导热系数，$kJ/(m \cdot h \cdot ℃)$。

平均比热容为

$$C = \frac{i_0^{317} - i_0^{20}}{317 - 20} = \frac{(39.55 - 2.32) \times 4.18}{317 - 20} = 0.125 \times 4.18 \, kJ/(kg \cdot ℃) \tag{3-7-31}$$

式中　i_0^{20}——钢坯在 20℃时的热焓量，kJ/kg；

i_0^{317}——钢坯在 317℃时的热焓量，kJ/kg。

导温系数为

$$a = \frac{\lambda}{C\rho} = \frac{41.31 \times 4.18}{0.125 \times 4.18 \times 7.85 \times 10^3} = 0.0420 \tag{3-7-32}$$

式中　λ——钢坯的平均导热系数，$kJ/(m \cdot h \cdot ℃)$；

C——钢坯的平均比热容，$kJ/(kg \cdot ℃)$；

ρ——钢坯的密度，kg/m^3。

加热时间为

$$\tau_1 = \frac{F_0 S^2}{a} = \frac{1.242 \times 0.165^2}{0.0420} = 0.806h \tag{3-7-33}$$

式中　F_0——傅里叶准则数；

　　　S——钢坯的透热深度（为钢坯的半径），m，$S = 0.165$m；

　　　a——钢坯的导温系数，m^2/h。

3.7.2.2　第二计算段

入口炉气温度 $t_{气}^{始} = 1000℃$，出口炉气温度 $t_{气}^{终} = 1150℃$。

炉气平均温度为

$$t_{气}^{均} = \frac{t_{气}^{始} + t_{气}^{终}}{2} = \frac{1000 + 1150}{2} = 1075℃ \tag{3-7-34}$$

炉膛的内表面积为

$$F = 2(H + B)L = 2 \times (1.3 + 5.28)L_y = 13.16L_y \tag{3-7-35}$$

气层有效厚度为

$$S = \eta \frac{4V}{F} = 3.6 \times \frac{1.3 \times 5.28 L_y}{13.16 L_y} = 1.88\text{m} \tag{3-7-36}$$

则有

$$P_{CO_2}S = 0.0880 \times 1.88 = 0.16544 \times 10^5 \text{Pa} \cdot \text{m} \tag{3-7-37}$$

$$P_{H_2O}S = 0.2055 \times 1.88 = 0.38634 \times 10^5 \text{Pa} \cdot \text{m} \tag{3-7-38}$$

当 $t_{气}^{均} = 1075℃$ 时，有

$$\varepsilon_{CO_2} = 0.115, \ \xi = 1.08, \ \varepsilon'_{H_2O} = 0.189 \tag{3-7-39}$$

所以，该段的炉气黑度为

$$\varepsilon_0 = \varepsilon_{CO_2} + \xi\varepsilon'_{H_2O} = 0.115 + 1.08 \times 0.189 = 0.319 \tag{3-7-40}$$

砌体对钢坯的角度系数为

$$\phi_{12} = \frac{F_{金}}{F_{壁}} = \frac{4.5}{2 \times (5.28 + 1.3)} = 0.342 \tag{3-7-41}$$

综合辐射系数为

$$C_L = \frac{4.88\varepsilon_0\varepsilon_2 \ [1+\phi_{12} \ (1-\varepsilon_0) \ ]}{\varepsilon_0+\phi_{12} \ (1-\varepsilon_0) \ (\varepsilon_0+\varepsilon_2-\varepsilon_0\varepsilon_2)} \times 4.18 \tag{3-7-42}$$

$$= \frac{4.88 \times 0.319 \times 0.8 \times \ [1+0.342 \times \ (1-0.319) \ ]}{0.319+0.342 \times \ (1-0.319) \ \times \ (0.319+0.8-0.319 \times 0.8)} \times 4.18$$

$$= 2.994 \times 4.18\text{kJ}/(\text{m}^2 \cdot \text{h} \cdot \text{K}^4)$$

开始时给热系数为

$$\alpha_1 = \frac{C_L\left[\left(\frac{T_{气}^{均}}{100}\right)^4 - \left(\frac{T_{表}^{始}}{100}\right)^4\right]}{t_{气}^{均} - t_{表}^{始}} \tag{3-7-43}$$

$$= \frac{2.994 \times 4.18 \times \left[\left(\frac{1075+273}{100}\right)^4 - \left(\frac{350+273}{100}\right)^4\right]}{1075-350}$$

$$= 130.14 \times 4.18\text{kJ}/(\text{m}^2 \cdot \text{h} \cdot ℃)$$

结束时给热系数为

$$\alpha_2 = \frac{C_L \left[\left(\frac{T_{\text{气}}^{\text{均}}}{100} \right)^4 - \left(\frac{T_{\text{表}}^{\text{终}}}{100} \right)^4 \right]}{t_{\text{气}}^{\text{均}} - t_{\text{表}}^{\text{终}}} \tag{3-7-44}$$

$$= \frac{2.994 \times 4.18 \times \left[\left(\frac{1075 + 273}{100} \right)^4 - \left(\frac{650 + 273}{100} \right)^4 \right]}{1075 - 650}$$

$$= 181.49 \times 4.18 \, \text{kJ/(m}^2 \cdot \text{h} \cdot \text{℃})$$

则平均值为

$$\alpha = \frac{1}{2} (\alpha_1 + \alpha_2) \tag{3-7-45}$$

$$= \frac{1}{2} \times (130.14 + 181.49) \times 4.18 = 155.82 \times 4.18 \, \text{kJ/(m}^2 \cdot \text{h} \cdot \text{℃})$$

导热系数为

$$\lambda = \frac{\lambda_{350} + \lambda_{284} + \lambda_{650} + \lambda_{650}}{4} \tag{3-7-46}$$

$$= \frac{(37.5 + 38.78 + 29.20 + 29.20) \times 4.18}{4}$$

$$= 33.67 \times 4.18 \, \text{kJ/(m} \cdot \text{h} \cdot \text{℃})$$

$$Bi = \frac{\alpha S}{\lambda} = \frac{155.82 \times 4.18 \times 0.165}{33.67 \times 4.18} = 0.764 \tag{3-7-47}$$

$$\frac{t_{\text{气}}^{\text{均}} - t_{\text{表}}^{\text{终}}}{t_{\text{气}}^{\text{均}} - 0.5(t_{\text{表}}^{\text{始}} - t_{\text{中}}^{\text{始}})} = \Phi_B \left(\frac{a\tau}{S^2}, \frac{\alpha S}{\lambda} \right) = \frac{1075 - 650}{1075 - 317} = 0.561 \tag{3-7-48}$$

查《钢铁厂工业炉设计参考资料》上册，由图 8-43 或图 8-47，知 $F_0 = \frac{a\tau}{S^2} = 0.677$；

由图 8-44 或图 8-49，知 $\frac{\alpha S}{\lambda} = 0.764$ 及 $\frac{a\tau}{S^2} = 0.677$ 时 $\Phi_{ZX} = 0.710$。

由此，中心温度为

$$t_{\text{中}} = t_{\text{气}}^{\text{均}} - \Phi_{ZX}(t_{\text{气}}^{\text{均}} - 0.5t_{\text{表}}^{\text{始}} - 0.5t_{\text{中}}^{\text{始}}) \tag{3-7-49}$$

$$= 1075 - 0.710 \times (1075 - 0.5 \times 350 - 0.5 \times 284)$$

$$= 537 \, \text{℃}$$

温度差　$\Delta t = 650 - 537 = 113 \, \text{℃}$

平均温度　$t = 537 + \frac{1}{2} \times 113 = 593 \, \text{℃}$

平均导热系数为

$$\lambda = \frac{1}{4} \times (\lambda_{350} + \lambda_{284} + \lambda_{650} + \lambda_{537}) \tag{3-7-50}$$

$$= \frac{1}{4} \times (37.50 + 38.78 + 29.20 + 32.76) \times 4.18$$

$$= 34.56 \times 4.18 \, \text{kJ/(m} \cdot \text{h} \cdot \text{℃})$$

平均比热容为

$$C = \frac{i_0^{593} - i_0^{317}}{593 - 317} = \frac{(83.31 - 39.55) \times 4.18}{593 - 317} = 0.158 \times 4.18 \text{kJ/(kg} \cdot \text{℃)} \quad (3\text{-}7\text{-}51)$$

导温系数为

$$a = \frac{\lambda}{C\rho} = \frac{34.56 \times 4.18}{0.158 \times 4.18 \times 7.85 \times 10^3} = 0.0278 \quad (3\text{-}7\text{-}52)$$

加热时间为

$$\tau_2 = \frac{F_0 S^2}{a} = \frac{0.677 \times 0.165^2}{0.0278} = 0.662 \text{h} \quad (3\text{-}7\text{-}53)$$

3.7.2.3 第三计算段

入口炉气温度 $t_{气}^{始} = 1150℃$，出口炉气温度 $t_{气}^{终} = 1350℃$。

炉气平均温度为

$$t_{气}^{均} = \frac{t_{气}^{始} + t_{气}^{终}}{2} = \frac{1150 + 1350}{2} = 1250℃ \quad (3\text{-}7\text{-}54)$$

炉膛的内表面积为

$$F = 2(H + B)L = 2 \times (1.8 + 5.28)L_j = 14.16L_j \quad (3\text{-}7\text{-}55)$$

气层有效厚度为

$$S = \eta \frac{4V}{F} = 3.6 \times \frac{1.8 \times 5.28L_j}{14.16L_j} = 2.42 \text{m} \quad (3\text{-}7\text{-}56)$$

则有

$$P_{CO_2}S = 0.0880 \times 2.42 = 0.21296 \times 10^5 \text{Pa} \cdot \text{m} \quad (3\text{-}7\text{-}57)$$

$$P_{H_2O}S = 0.2055 \times 2.42 = 0.49731 \times 10^5 \text{Pa} \cdot \text{m} \quad (3\text{-}7\text{-}58)$$

当 $t_{气}^{均} = 1250℃$ 时，有

$$\varepsilon_{CO_2} = 0.114, \quad \xi = 1.08, \quad \varepsilon'_{H_2O} = 0.201$$

所以，该段的炉气黑度为

$$\varepsilon_0 = \varepsilon_{CO_2} + \xi\varepsilon'_{H_2O} = 0.114 + 1.08 \times 0.201 = 0.331 \quad (3\text{-}7\text{-}59)$$

砌体对钢坯的角度系数为

$$\phi_{12} = \frac{F_金}{F_壁} = \frac{4.5}{2 \times (5.28 + 1.8)} = 0.318 \quad (3\text{-}7\text{-}60)$$

综合辐射系数为

$$C_L = \frac{4.88\varepsilon_0\varepsilon_2[1 + \phi_{12}(1 - \varepsilon_0)]}{\varepsilon_0 + \phi_{12}(1 - \varepsilon_0)(\varepsilon_0 + \varepsilon_2 - \varepsilon_0\varepsilon_2)} \times 4.18 \quad (3\text{-}7\text{-}61)$$

$$= \frac{4.88 \times 0.331 \times 0.8 \times [1 + 0.318 \times (1 - 0.331)]}{0.331 + 0.318 \times (1 - 0.331) \times (0.331 + 0.8 - 0.331 \times 0.8)} \times 4.18$$

$$= 3.042 \times 4.18 \text{kJ/(m}^2 \cdot \text{h} \cdot \text{K}^4)$$

开始时给热系数为

$$\alpha_1 = \frac{C_L \left[\left(\dfrac{T_{气}^{均}}{100} \right)^4 - \left(\dfrac{T_{表}^{始}}{100} \right)^4 \right]}{t_{气}^{均} - t_{表}^{始}} \tag{3-7-62}$$

$$= \frac{3.042 \times 4.18 \times \left[\left(\dfrac{1250+273}{100} \right)^4 - \left(\dfrac{650+273}{100} \right)^4 \right]}{1250-650}$$

$$= 235.96 \times 4.18 \, \text{kJ}/(\text{m}^2 \cdot \text{h} \cdot \text{℃})$$

结束时给热系数为

$$\alpha_2 = \frac{C_L \left[\left(\dfrac{T_{气}^{均}}{100} \right)^4 - \left(\dfrac{T_{表}^{终}}{100} \right)^4 \right]}{t_{气}^{均} - t_{表}^{终}} \tag{3-7-63}$$

$$= \frac{3.042 \times 4.18 \times \left[\left(\dfrac{1250+273}{100} \right)^4 - \left(\dfrac{900+273}{100} \right)^4 \right]}{1250-900}$$

$$= 303.04 \times 4.18 \, \text{kJ}/(\text{m}^2 \cdot \text{h} \cdot \text{℃})$$

则平均值为

$$\alpha = \frac{1}{2}(\alpha_1 + \alpha_2) \tag{3-7-64}$$

$$= \frac{1}{2} \times (235.96 + 303.04) \times 4.18 = 269.50 \times 4.18 \, \text{kJ}/(\text{m}^2 \cdot \text{h} \cdot \text{℃})$$

导热系数为

$$\lambda = \frac{\lambda_{650} + \lambda_{537} + \lambda_{900} + \lambda_{900}}{4} \tag{3-7-65}$$

$$= \frac{(29.20 + 32.76 + 22.70 + 22.70) \times 4.18}{4}$$

$$= 26.84 \times 4.18 \, \text{kJ}/(\text{m} \cdot \text{h} \cdot \text{℃})$$

$$Bi = \frac{\alpha S}{\lambda} = \frac{269.50 \times 4.18 \times 0.165}{26.84 \times 4.18} = 1.657 \tag{3-7-66}$$

$$\frac{t_{气}^{均} - t_{表}^{终}}{t_{气}^{均} - 0.5(t_{表}^{始} - t_{中}^{始})} = \Phi_B \left(\frac{a\tau}{S^2}, \frac{\alpha S}{\lambda} \right) = \frac{1250 - 900}{1250 - 593} = 0.533 \tag{3-7-67}$$

查《钢铁厂工业炉设计参考资料》上册，由图 8-43 或图 8-47，知 $F_0 = \dfrac{a\tau}{S^2} = 0.339$；由

图 8-44 或图 8-49，知 $\dfrac{\alpha S}{\lambda} = 1.657$ 及 $\dfrac{a\tau}{S^2} = 0.339$ 时 $\Phi_{ZX} = 0.750$。

由此，中心温度为

$$t_{中} = t_{气}^{均} - \Phi_{ZX}(t_{气}^{均} - 0.5 t_{表}^{始} - 0.5 t_{中}^{始}) \tag{3-7-68}$$

$$= 1250 - 0.750 \times (1250 - 0.5 \times 650 - 0.5 \times 537)$$

$$= 758 \, \text{℃}$$

温度差 $\quad \Delta t = 900 - 758 = 142 \, \text{℃}$

平均温度 $t = 758 + \dfrac{1}{2} \times 142 = 829℃$

平均导热系数为

$$\lambda = \frac{1}{4}(\lambda_{650} + \lambda_{537} + \lambda_{900} + \lambda_{758}) \tag{3-7-69}$$

$$= \frac{1}{4} \times （29.20+32.76+22.70+24.50）\times 4.18$$

$$= 27.29 \times 4.18 \text{kJ/（m·h·℃）}$$

平均比热容为

$$C = \frac{i_0^{.829} - i_0^{.593}}{829 - 593} = \frac{（139.27 - 83.31）\times 4.18}{829 - 593} = 0.238 \times 4.18 \text{kJ/（kg·℃）} \tag{3-7-70}$$

导温系数为

$$a = \frac{\lambda}{C\rho} = \frac{27.29 \times 4.18}{0.238 \times 4.18 \times 7.85 \times 10^3} = 0.0146 \tag{3-7-71}$$

加热时间为

$$\tau_3 = \frac{F_0 S^2}{a} = \frac{0.339 \times 0.165^2}{0.0146} = 0.631\text{h} \tag{3-7-72}$$

3.7.2.4 第四计算段

入口炉气温度 $t_气^始 = 1350℃$，出口炉气温度 $t_气^终 = 1350℃$。

炉气平均温度为

$$t_气^均 = \frac{t_气^始 + t_气^终}{2} = \frac{1350 + 1350}{2} = 1350℃ \tag{3-7-73}$$

炉膛的内表面积为

$$F = 2(H + B)L = 2 \times (1.8 + 5.28)L_j = 14.16L_j \tag{3-7-74}$$

气层有效厚度为

$$S = \eta \frac{4V}{F} = 3.6 \times \frac{1.8 \times 5.28L_j}{14.16L_j} = 2.42\text{m} \tag{3-7-75}$$

则有

$$P_{CO_2}S = 0.0880 \times 2.42 = 0.21296 \times 10^5 \text{Pa·m} \tag{3-7-76}$$

$$P_{H_2O}S = 0.2055 \times 2.42 = 0.49731 \times 10^5 \text{Pa·m} \tag{3-7-77}$$

当 $t_气^均 = 1350℃$ 时，有

$$\varepsilon_{CO_2} = 0.105, \quad \xi = 1.08, \quad \varepsilon'_{H_2O} = 0.191$$

所以；该段的炉气黑度为

$$\varepsilon_0 = \varepsilon_{CO_2} + \xi\varepsilon'_{H_2O} = 0.105 + 1.08 \times 0.191 = 0.311 \tag{3-7-78}$$

砌体对钢坯的角度系数为

$$\phi_{12} = \frac{F_金}{F_壁} = \frac{4.5}{2 \times (5.28 + 1.8)} = 0.318 \tag{3-7-79}$$

综合辐射系数为

$$C_L = \frac{4.88\varepsilon_0\varepsilon_2[1 + \phi_{12}(1 - \varepsilon_0)]}{\varepsilon_0 + \phi_{12}(1 - \varepsilon_0)(\varepsilon_0 + \varepsilon_2 - \varepsilon_0\varepsilon_2)} \times 4.18 \qquad (3\text{-}7\text{-}80)$$

$$= \frac{4.88 \times 0.311 \times 0.8 \times [1 + 0.318 \times (1 - 0.311)]}{0.311 + 0.318 \times (1 - 0.311) \times (0.311 + 0.8 - 0.311 \times 0.8)} \times 4.18$$

$$= 2.961 \times 4.18 \text{kJ}/(\text{m}^2 \cdot \text{h} \cdot \text{K}^4)$$

开始时给热系数为

$$\alpha_1 = \frac{C_L\left[\left(\dfrac{T_气^{均}}{100}\right)^4 - \left(\dfrac{T_表^{始}}{100}\right)^4\right]}{t_气^{均} - t_表^{始}} \qquad (3\text{-}7\text{-}81)$$

$$= \frac{2.961 \times 4.18 \times \left[\left(\dfrac{1350 + 273}{100}\right)^4 - \left(\dfrac{900 + 273}{100}\right)^4\right]}{1350 - 900}$$

$$= 332.02 \times 4.18 \text{kJ}/(\text{m}^2 \cdot \text{h} \cdot \text{℃})$$

结束时给热系数为

$$\alpha_2 = \frac{C_L\left[\left(\dfrac{T_气^{均}}{100}\right)^4 - \left(\dfrac{T_表^{终}}{100}\right)^4\right]}{t_气^{均} - t_表^{终}} \qquad (3\text{-}7\text{-}82)$$

$$= \frac{2.961 \times 4.18 \times \left[\left(\dfrac{1350 + 273}{100}\right)^4 - \left(\dfrac{1250 + 273}{100}\right)^4\right]}{1350 - 1250}$$

$$= 461.49 \times 4.18 \text{kJ}/(\text{m}^2 \cdot \text{h} \cdot \text{℃})$$

则平均值为

$$\alpha = \frac{1}{2}(\alpha_1 + \alpha_2) \qquad (3\text{-}7\text{-}83)$$

$$= \frac{1}{2} \times (332.02 + 461.49) \times 4.18 = 396.75 \times 4.18 \text{kJ}/(\text{m}^2 \cdot \text{h} \cdot \text{℃})$$

导热系数为

$$\lambda = \frac{\lambda_{900} + \lambda_{758} + \lambda_{1250} + \lambda_{1250}}{4} \qquad (3\text{-}7\text{-}84)$$

$$= \frac{(22.70 + 24.50 + 26.00 + 26.00) \times 4.18}{4}$$

$$= 24.80 \times 4.18 \text{kJ}/(\text{m} \cdot \text{h} \cdot \text{℃})$$

$$Bi = \frac{\alpha S}{\lambda} = \frac{396.75 \times 4.18 \times 0.165}{24.80 \times 4.18} = 2.640 \qquad (3\text{-}7\text{-}85)$$

$$\frac{t_气^{均} - t_表^{终}}{t_气^{均} - 0.5(t_表^{始} - t_中^{始})} = \Phi_B\left(\frac{a\tau}{S^2}, \frac{\alpha S}{\lambda}\right) = \frac{1350 - 1250}{1350 - 829} = 0.192 \qquad (3\text{-}7\text{-}86)$$

查《钢铁厂工业炉设计参考资料》上册，由图 8-43 或图 8-47，知 $F_0 = \dfrac{a\tau}{S^2} = 0.611$；由

图 8-44 或图 8-49，知 $\dfrac{\alpha S}{\lambda} = 2.640$ 及 $\dfrac{a\tau}{S^2} = 0.611$ 时 $\Phi_{ZX} = 0.550$。

由此，中心温度为

$$t_{中} = t_{气}^{均} - \Phi_{ZX}(t_{气}^{均} - 0.5t_{表}^{始} - 0.5t_{中}^{始}) \tag{3-7-87}$$
$$= 1350 - 0.550 \times (1350 - 0.5 \times 900 - 0.5 \times 758)$$
$$= 1063℃$$

温度差　$\Delta t = 1250 - 1063 = 187℃$

平均温度　$t = 1063 + \dfrac{1}{2} \times 187 = 1157℃$

平均导热系数为

$$\lambda = \frac{1}{4}(\lambda_{900} + \lambda_{758} + \lambda_{1250} + \lambda_{1063}) \tag{3-7-88}$$

$$= \frac{1}{4} \times (22.70 + 24.50 + 26.00 + 24.20) \times 4.18$$

$$= 24.35 \times 4.18 \text{kJ/(m · h · ℃)}$$

平均比热容为

$$C = \frac{i_0^{.1157} - i_0^{.829}}{1157 - 829} = \frac{(189.74 - 139.27) \times 4.18}{1157 - 829} = 0.154 \times 4.18 \text{kJ/(kg · ℃)}$$
$$\tag{3-7-89}$$

导温系数为

$$a = \frac{\lambda}{C\rho} = \frac{24.35 \times 4.18}{0.154 \times 4.18 \times 7.85 \times 10^3} = 0.0202 \tag{3-7-90}$$

加热时间为

$$\tau_4 = \frac{F_0 S^2}{a} = \frac{0.611 \times 0.165^2}{0.0202} = 0.825\text{h} \tag{3-7-91}$$

3.7.2.5　第五计算段

入口炉气温度 $t_{气}^{始} = 1280℃$，出口炉气温度 $t_{气}^{终} = 1280℃$。

炉气平均温度为

$$t_{气}^{均} = \frac{t_{气}^{始} + t_{气}^{终}}{2} = \frac{1280 + 1280}{2} = 1280℃ \tag{3-7-92}$$

炉膛的内表面积为

$$F = 2(H + B)L = 2 \times (1.5 + 5.28)L_{jr} = 13.56L_{jr} \tag{3-7-93}$$

气层有效厚度为

$$S = \eta \frac{4V}{F} = 3.6 \times \frac{1.5 \times 5.28L_{jr}}{13.56L_{jr}} = 2.10\text{m} \tag{3-7-94}$$

则有

$$P_{CO_2}S = 0.0880 \times 2.10 = 0.18480 \times 10^5 \text{Pa · m} \tag{3-7-95}$$

$$P_{H_2O}S = 0.2055 \times 2.10 = 0.43155 \times 10^5 \text{Pa · m} \tag{3-7-96}$$

当 $t_{\text{气}}^{\text{均}}=1280$℃时，有

$$\varepsilon_{CO_2} = 0.109, \quad \xi = 1.08, \quad \varepsilon'_{H_2O} = 0.176$$

所以，该段的炉气黑度为

$$\varepsilon_0 = \varepsilon_{CO_2} + \xi\varepsilon'_{H_2O} = 0.109 + 1.08 \times 0.176 = 0.299 \tag{3-7-97}$$

砌体对钢坯的角度系数为

$$\phi_{12} = \frac{F_{\text{金}}}{F_{\text{壁}}} = \frac{4.5}{2 \times (5.28 + 1.5)} = 0.332 \tag{3-7-98}$$

综合辐射系数为

$$C_L = \frac{4.88\varepsilon_0\varepsilon_2\left[1 + \phi_{12}(1 - \varepsilon_0)\right]}{\varepsilon_0 + \phi_{12}(1 - \varepsilon_0)(\varepsilon_0 + \varepsilon_2 - \varepsilon_0\varepsilon_2)} \times 4.18 \tag{3-7-99}$$

$$= \frac{4.88 \times 0.299 \times 0.8 \times \left[1 + 0.332 \times (1 - 0.299)\right]}{0.299 + 0.332 \times (1 - 0.299) \times (0.299 + 0.8 - 0.299 \times 0.8)} \times 4.18$$

$$= 2.910 \times 4.18 \text{kJ}/(\text{m}^2 \cdot \text{h} \cdot \text{K}^4)$$

开始时给热系数为

$$\alpha_1 = \frac{C_L\left[\left(\dfrac{T_{\text{气}}^{\text{均}}}{100}\right)^4 - \left(\dfrac{T_{\text{表}}^{\text{始}}}{100}\right)^4\right]}{t_{\text{气}}^{\text{均}} - t_{\text{表}}^{\text{始}}} \tag{3-7-100}$$

$$= \frac{2.910 \times 4.18 \times \left[\left(\dfrac{1280 + 273}{100}\right)^4 - \left(\dfrac{1250 + 273}{100}\right)^4\right]}{1280 - 1250}$$

$$= 423.47 \times 4.18 \text{kJ}/(\text{m}^2 \cdot \text{h} \cdot \text{℃})$$

结束时给热系数为

$$\alpha_2 = \frac{C_L\left[\left(\dfrac{T_{\text{气}}^{\text{均}}}{100}\right)^4 - \left(\dfrac{T_{\text{表}}^{\text{终}}}{100}\right)^4\right]}{t_{\text{气}}^{\text{均}} - t_{\text{表}}^{\text{终}}} \tag{3-7-101}$$

$$= \frac{2.910 \times 4.18 \times \left[\left(\dfrac{1280 + 273}{100}\right)^4 - \left(\dfrac{1250 + 273}{100}\right)^4\right]}{1280 - 1250}$$

$$= 423.47 \times 4.18 \text{kJ}/(\text{m}^2 \cdot \text{h} \cdot \text{℃})$$

平均值为

$$\alpha = \frac{1}{2}(\alpha_1 + \alpha_2) \tag{3-7-102}$$

$$= \frac{1}{2} \times (423.47 + 423.47) \times 4.18 = 423.47 \times 4.18 \text{kJ}/(\text{m}^2 \cdot \text{h} \cdot \text{℃})$$

导热系数为

$$\lambda = \frac{\lambda_{1250} + \lambda_{1063} + \lambda_{1250} + \lambda_{1250}}{4} \tag{3-7-103}$$

$$= \frac{(26.00 + 24.20 + 26.00 + 26.00) \times 4.18}{4}$$

$$= 25.55 \times 4.18 kJ/(m \cdot h \cdot ℃)$$

$$Bi = \frac{\alpha S}{\lambda} = \frac{423.47 \times 4.18 \times 0.165}{25.55 \times 4.18} = 2.735 \tag{3-7-104}$$

$$\frac{t_{气}^{均} - t_{表}^{终}}{t_{气}^{均} - 0.5(t_{表}^{始} - t_{中}^{始})} = \Phi_{B}\left(\frac{a\tau}{S^2}, \frac{\alpha S}{\lambda}\right) = \frac{1280 - 1250}{1280 - 1157} = 0.243 \tag{3-7-105}$$

查《钢铁厂工业炉设计参考资料》上册，由图 8-43 或图 8-47，知 $F_0 = \frac{a\tau}{S^2} = 0.488$；由

图 8-44 或图 8-49，知 $\frac{\alpha S}{\lambda} = 2.735$ 及 $\frac{a\tau}{S^2} = 0.488$ 时 $\Phi_{ZX} = 0.625$。

由此，中心温度为

$$t_{中} = t_{气}^{均} - \Phi_{ZX}(t_{气}^{均} - 0.5t_{表}^{始} - 0.5t_{中}^{始}) \tag{3-7-106}$$

$$= 1280 - 0.625 \times (1280 - 0.5 \times 1250 - 0.5 \times 1063)$$

$$= 1203℃$$

温度差　$\Delta t = 1250 - 1203 = 47℃$

平均温度　$t = 1203 + \frac{1}{2} \times 47 = 1226℃$

平均导热系数为

$$\lambda = \frac{1}{4}(\lambda_{1250} + \lambda_{1063} + \lambda_{1250} + \lambda_{1203}) \tag{3-7-107}$$

$$= \frac{1}{4} \times (26.00 + 24.20 + 26.00 + 25.60) \times 4.18$$

$$= 25.45 \times 4.18 kJ/(m \cdot h \cdot ℃)$$

平均比热容为

$$C = \frac{i_0^{.1226} - i_0^{.1157}}{1226 - 1157} = \frac{(201.06 - 189.74) \times 4.18}{1226 - 1157} = 0.162 \times 4.18 kJ/(kg \cdot ℃) \tag{3-7-108}$$

导温系数为

$$a = \frac{\lambda}{C\rho} = \frac{25.45 \times 4.18}{0.162 \times 4.18 \times 7.85 \times 10^3} = 0.0200 \tag{3-7-109}$$

加热时间为

$$\tau_5 = \frac{F_0 S^2}{a} = \frac{0.488 \times 0.165^2}{0.0200} = 0.664h \tag{3-7-110}$$

因此，总加热时间为

$$\tau = \tau_1 + \tau_2 + \tau_3 + \tau_4 + \tau_5 \tag{3-7-111}$$

$$= 0.806 + 0.662 + 0.631 + 0.825 + 0.664$$

$$= 3.59h$$

3.7.3 炉子基本尺寸的确定

3.7.3.1 炉膛宽度的确定

炉膛宽度为

$$B = l + 2 \times 0.25 = 4.5 + 2 \times 0.25 = 5\text{m} \tag{3-7-112}$$

式中　l——钢坯长度，m。

设计中实取炉宽为 5.28m。

3.7.3.2　炉膛高度的确定

（1）预热段炉膛高度。

预热段炉膛的有效高度为

$$H_效 = (A + 0.05B)t_气 \times 10^{-3} \tag{3-7-113}$$
$$= (0.55 + 0.05 \times 5.28) \times 1150 \times 10^{-3}$$
$$= 0.936\text{m}$$

式中　A——系数，$A = 0.55$；

　　　B——炉膛宽度，m；

　　　$t_气$——炉气温度，℃。

预热段炉膛的全高为

$$H = H_效 + \delta \tag{3-7-114}$$
$$= 0.936 + 0.330$$
$$= 1.266\text{m}$$

式中　$H_效$——炉膛的有效高度，m；

　　　δ——钢坯的厚度，m。

设计中实取预热段炉膛高度为 1.3m。

（2）加热段炉膛高度。

加热段炉膛的有效高度为

$$H_效 = (A + 0.05B)t_气 \times 10^{-3} \tag{3-7-115}$$
$$= (0.65 + 0.05 \times 5.28) \times 1350 \times 10^{-3}$$
$$= 1.234\text{m}$$

加热段炉膛的全高为

$$H = H_效 + \delta \tag{3-7-116}$$
$$= 1.234 + 0.330$$
$$= 1.564\text{m}$$

设计中实取加热段炉膛高度为 1.8m。

（3）均热段炉膛高度。

均热段炉膛的有效高度为

$$H_效 = (A + 0.05B)t_气 \times 10^{-3} \tag{3-7-117}$$
$$= (0.55 + 0.05 \times 5.28) \times 1280 \times 10^{-3}$$
$$= 1.042\text{m}$$

均热段炉膛的全高为

$$H = H_效 + \delta \tag{3-7-118}$$
$$= 1.042 + 0.330$$
$$= 1.372\text{m}$$

设计中实取均热段炉膛高度为 1.5m。

3.7.3.3　炉体长度的确定

有效炉长为

$$L_{效} = \frac{KG\tau b}{ng\phi} \tag{3-7-119}$$

$$= \frac{1.1 \times 160 \times 3.59 \times 0.594}{1 \times 3.020 \times 1}$$

$$= 124.32\text{m}$$

式中　K——系数，$K = 1.1$；

　　　G——炉子平均产量，t/h；

　　　τ——加热时间，h；

　　　b——坯料间距，m；

　　　n——装料排数；

　　　g——钢坯单重，t；

　　　ϕ——遮蔽系数，$\phi = 1$。

环形炉中径为

$$D = \frac{360L_{效}}{\pi(360 - \theta)} \tag{3-7-120}$$

$$= \frac{360 \times 124.32}{3.14 \times (360 - 12)}$$

$$= 41\text{m}$$

式中　$L_{效}$——有效炉长，m；

　　　π——圆周率，取 $\pi = 3.14$；

　　　θ——装出料夹角，$\theta = 12°$。

为保证足够产量和留有一定余地，决定将环形炉中径加大，故最终取环形炉中径为 42m。

故实际炉长为

$$L_{实} = \pi D = 3.14 \times 42 = 131.88\text{m} \tag{3-7-121}$$

式中　D——环形炉中径，m。

预热段长度为

$$L_{预} = \left(\frac{\tau_1}{\tau} + \frac{\tau_2}{\tau}\right) L_{效} = \left(\frac{0.806}{3.59} + \frac{0.662}{3.59}\right) \times 124.32 = 50.87\text{m} \tag{3-7-122}$$

式中　τ_1——第一计算段加热时间，h；

　　　τ_2——第二计算段加热时间，h；

　　　τ——总加热时间，h；

　　　$L_{效}$——有效炉长，m。

加热段长度为

$$L_{加} = \left(\frac{\tau_3}{\tau} + \frac{\tau_4}{\tau}\right) L_{效} = \left(\frac{0.631}{3.59} + \frac{0.825}{3.59}\right) \times 124.32 = 50.45\text{m} \tag{3-7-123}$$

式中　τ_3——第三计算段加热时间，h；

　　　τ_4——第四计算段加热时间，h；

　　　τ——总加热时间，h；

　　　$L_效$——有效炉长，m。

均热段长度为

$$L_均 = \frac{\tau_5}{\tau} L_效 = \frac{0.664}{3.59} \times 124.32 = 23.01\text{m} \qquad (3\text{-}7\text{-}124)$$

式中　τ_5——第五计算段加热时间，h；

　　　τ——总加热时间，h；

　　　$L_效$——有效炉长，m。

由于环形加热炉的特殊性，需将此三段的长度转化成相应的角度值，并进行一定的调整。其中在预热段的一部分长度上安装有侧烧嘴，当加热能力足够时，烧嘴处于关闭状态，加热能力不足时，烧嘴处于开启状态，以保证足够的生产能力，将这部分划分成加热一段和加热二段。

环形加热炉的分段见表3-7-2。

表 3-7-2　环形加热炉分段情况

环形炉分段	角度/(°)	备　注
预热段	66	
加热一段	36	由预热段得到
加热二段	36	由预热段得到
加热三段	66	
加热四段	66	
均热一段	36	
均热二段	24	
进出料夹角	12	
过渡段	18	

炉膛有效面积为

$$S_效 = L_效\, l = 124.32 \times 4.5 = 559.44\text{m}^2 \qquad (3\text{-}7\text{-}125)$$

式中　l——钢坯长度，m；

　　　$L_效$——有效炉长，m。

有效炉底强度为

$$P_效 = \frac{G}{S_效} = \frac{G}{L_效\, l} = \frac{160 \times 1000}{124.32 \times 4.5} = 286\text{kg}/(\text{m}^2 \cdot \text{h}) \qquad (3\text{-}7\text{-}126)$$

式中　l——钢坯长度，m；

　　　$L_效$——有效炉长，m；

　　　G——炉子平均产量，t/h。

每小时炉子能生产钢坯的根数为

$$d = \frac{G}{g} = \frac{160}{3.020} = 52.98 \text{ 根 /h} \tag{3-7-127}$$

式中　g——钢坯单重，t；

　　　G——炉子平均产量，t/h。

　　出钢间隔时间为

$$t = \frac{3600}{d} = \frac{3600}{52.98} = 67.95\text{s} \tag{3-7-128}$$

式中　d——每小时炉子能生产钢坯根数，根/h。

3.7.4　热平衡计算及燃料消耗量的确定

3.7.4.1　热量收入项

（1）燃料燃烧的化学热量。

$$Q_1 = BQ_{\mathrm{dw}}^{\mathrm{y}} = 8500 \times 4.18B = 35530B \quad \text{kJ/h} \tag{3-7-129}$$

式中　B——燃料消耗量，$\mathrm{m^3/h}$；

　　　$Q_{\mathrm{dw}}^{\mathrm{y}}$——燃料的低发热量，$\mathrm{kJ/m^3}$。

（2）燃料带入的物理热量。

$$Q_2 = Bc_{\mathrm{r}}t_{\mathrm{r}} = 0\text{kJ/h} \tag{3-7-130}$$

式中　B——燃料消耗量，$\mathrm{m^3/h}$；

　　　c_{r}——燃气的平均比热容，$\mathrm{kJ/(m^3 \cdot ℃)}$；

　　　t_{r}——燃气的预热温度，℃。

　　因燃料未进行预热，故可忽略。

（3）空气预热带入的物理热量。

$$\begin{aligned} Q_3 &= BnL_0c_{\mathrm{k}}t_{\mathrm{k}} \\ &= 1.05 \times 9.366 \times 0.319 \times 4.18 \times 400B \\ &= 5245.5B \quad \text{kJ/h} \end{aligned} \tag{3-7-131}$$

式中　B——燃料消耗量，$\mathrm{m^3/h}$；

　　　n——空气过剩系数；

　　　L_0——理论空气需要量，$\mathrm{m^3/m^3}$；

　　　c_{k}——空气的平均比热容，$\mathrm{kJ/(m^3 \cdot ℃)}$；

　　　t_{k}——空气预热温度，℃。

（4）雾化用蒸汽带入的热量。

$$Q_4 = BV_{\mathrm{q}}t_{\mathrm{q}}c_{\mathrm{q}} = 0\text{kJ/h} \tag{3-7-132}$$

式中　B——燃料消耗量，$\mathrm{m^3/h}$；

　　　V_{q}——理论空气需要量的蒸汽消耗量，kg/kg；

　　　t_{q}——水蒸气的温度，℃；

　　　c_{q}——水蒸气的平均比热容，$\mathrm{kJ/(kg \cdot ℃)}$。

（5）钢氧化反应的化学热量。

$$Q_5 = 4.18 \times 1350Ga \tag{3-7-133}$$

$$= 4.18 \times 1350 \times 180 \times 1000 \times 1.5\%$$
$$= 15236100 \text{kJ/h}$$

式中　1350——由于铁的氧化而放出的热量;

G——炉子最大产量, t/h;

a——钢坯氧化烧损率, %。

3.7.4.2　热量支出项

（1）钢加热所需的热量。

$$Q'_1 = G(i_2 - i_1) \tag{3-7-134}$$
$$= 180 \times 1000 \times (205 - 2.28) \times 4.18$$
$$= 152526528 \text{kJ/h}$$

式中　G——炉子最大产量, t/h;

i_2——钢坯出炉时的热熔量, kJ/kg;

i_1——钢坯装炉时的热熔量, kJ/kg。

（2）出炉烟气带走的热量。

$$Q'_2 = BV_n c_y t_y \tag{3-7-135}$$
$$= 11.164 \times 0.363 \times 4.18 \times 800B$$
$$= 13551.7B \quad \text{kJ/h}$$

式中　B——燃料消耗量, m³/h;

V_n——燃烧产物量（烟气量）, m³/m³;

t_y——烟气出炉时的温度, ℃;

c_y——出炉温度时烟气的平均比热容, kJ/(m³·℃)。

（3）燃料化学不完全燃烧损失的热量。

$$Q'_3 = 4.18BV_n \times 2880\varphi(\text{CO}) \tag{3-7-136}$$
$$= 4.18 \times 11.164 \times 2880 \times 0.5\%B$$
$$= 672.5B \quad \text{kJ/h}$$

式中　B——燃料消耗量, m³/h;

V_n——燃烧产物量（烟气量）, m³/m³;

2880——CO、H_2 的混合发热值, kJ/m³;

$\varphi(\text{CO})$——烟气中未完全燃烧成分的体积分数。

（4）燃料因机械不完全燃烧损失的热量。

$$Q'_4 = BKQ^y_{dw} = 0 \text{kJ/h} \tag{3-7-137}$$

式中　B——燃料消耗量, m³/h;

K——燃料因机械不完全燃烧而损失的百分数;

Q^y_{dw}——燃料的低发热量, kJ/m³。

（5）炉体砌筑散热或蓄热损失的热量。

炉墙、炉顶的散热损失为

$$Q'_{5-1} = K(t_n - t_w)F_0 \tag{3-7-138}$$

式中　K——砌体内壁至空气的综合传热系数, kJ/(m²·h·℃);

t_n——砌体内表面温度，℃；

t_w——外界空气温度，℃；

F_0——砌体的散热面积，m^2。

炉底的散热损失（环形加热炉为实炉底）为

$$Q'_{5\text{-}2} = S\lambda A \frac{t_n - t_w}{B} \tag{3-7-139}$$

式中 S——形状系数，圆形炉底取 4；

λ——炉底材料的导热系数，kJ/(m·h·℃)；

A——炉底面积，m^2；

B——炉底的最小宽度，m；

t_n——砌体内表面温度，℃；

t_w——外界空气温度，℃。

炉体砌筑材料组成见表 3-7-3。

表 3-7-3 炉体砌筑材料组成

炉 墙	重质浇注料	轻质保温砖	耐火纤维	—
	280mm	232mm	70mm	—
炉 顶	重质浇注料	轻质浇注料	耐火纤维板	—
	250mm	80mm	30mm	—
炉 底	耐磨浇注料	轻质黏土砖	轻质保温砖	耐火纤维
	230mm	204mm	136mm	60mm

各砌筑材料的导热系数如下：

重质浇注料的导热系数为

$$\lambda = (1.80 + 1.60 \times 10^{-3} t_{均}) \times 4.18 \quad kJ/(m \cdot h \cdot ℃)$$

轻质浇注料的导热系数为

$$\lambda = (0.40 + 0.31 \times 10^{-3} t_{均}) \times 4.18 \quad kJ/(m \cdot h \cdot ℃)$$

轻质保温砖的导热系数为

$$\lambda = (0.25 + 0.25 \times 10^{-3} t_{均}) \times 4.18 \quad kJ/(m \cdot h \cdot ℃)$$

轻质黏土砖的导热系数为

$$\lambda = (0.60 + 0.55 \times 10^{-3} t_{均}) \times 4.18 \quad kJ/(m \cdot h \cdot ℃)$$

耐火纤维板、耐火纤维的导热系数为

$$\lambda = 0.081 kJ/(m \cdot h \cdot ℃)$$

1）炉墙散热计算。设炉膛温度为 $t_1 = 1300℃$，环境温度为 $t_5 = 20℃$，炉墙外表面温度为 t_4，砌筑材料各层的温度分别为 t_2、t_3，通过的热流为 q，各层的砌筑材料的厚度分别为 S_1、S_2、S_3，导热系数分别为 λ_1、λ_2、λ_3。

通过方程组迭代求出未知量：

$$
\begin{cases}
\lambda = a + bt_{均} \\[2mm]
q = \dfrac{t_1 - t_5}{\dfrac{S_1}{\lambda_1} + \dfrac{S_2}{\lambda_2} + \dfrac{S_3}{\lambda_3} + 0.059} \\[4mm]
t_2 = t_1 - q\dfrac{S_1}{\lambda_1} \\[3mm]
t_3 = t_1 - q\left(\dfrac{S_1}{\lambda_1} + \dfrac{S_2}{\lambda_2}\right) \\[3mm]
t_4 = t_1 - q\left(\dfrac{S_1}{\lambda_1} + \dfrac{S_2}{\lambda_2} + \dfrac{S_3}{\lambda_3}\right)
\end{cases}
$$

计算结果汇总见表 3-7-4。

表 3-7-4　计算结果汇总

材料厚度 S/m	S_1		S_2		S_3
	0.280		0.232		0.070
导热系数 λ /kJ · $(m \cdot h \cdot ℃)^{-1}$	λ_1		λ_2		λ_3
	3.83×4.18		0.51×4.18		0.081×4.18
温度 $t/℃$	t_1	t_2	t_3	t_4	t_5
	1300	1235	833	71.8	20
热流 q /kJ · $(m^2 \cdot h)^{-1}$	q				
	881.3×4.18				

2）炉顶散热计算。设炉膛温度为 $t_1 = 1300℃$，环境温度为 $t_5 = 20℃$，炉顶外表面温度为 t_4，砌筑材料各层的温度分别为 t_2、t_3，通过的热流为 q，各层的砌筑材料的厚度分别为 S_1、S_2、S_3，导热系数分别为 λ_1、λ_2、λ_3。

通过方程组迭代求出未知量：

$$
\begin{cases}
\lambda = a + bt_{均} \\[2mm]
q = \dfrac{t_1 - t_5}{\dfrac{S_1}{\lambda_1} + \dfrac{S_2}{\lambda_2} + \dfrac{S_3}{\lambda_3} + 0.059} \\[4mm]
t_2 = t_1 - q\dfrac{S_1}{\lambda_1} \\[3mm]
t_3 = t_1 - q\left(\dfrac{S_1}{\lambda_1} + \dfrac{S_2}{\lambda_2}\right) \\[3mm]
t_4 = t_1 - q\left(\dfrac{S_1}{\lambda_1} + \dfrac{S_2}{\lambda_2} + \dfrac{S_3}{\lambda_3}\right)
\end{cases}
$$

计算结果汇总见表 3-7-5。

表 3-7-5 计算结果汇总

厚度 S/m	S_1		S_2		S_3
	0.250		0.080		0.030
导热系数 λ /kJ·$(m \cdot h \cdot \text{℃})^{-1}$	λ_1		λ_2		λ_3
	3.77×4.18		0.72×4.18		0.081×4.18
温度 t/℃	t_1	t_2	t_3	t_4	t_5
	1300	1159	926	114	20
热流 q/kJ·$(m^2 \cdot h)^{-1}$	q				
	2111.6×4.18				

3）炉底散热计算。设炉膛温度为 $t_1 = 1300℃$，环境温度为 $t_6 = 30℃$，炉顶外表面温度为 t_5，砌筑材料各层的温度分别为 t_2、t_3、t_4，通过的热流为 q，各层的砌筑材料的厚度分别为 S_1、S_2、S_3、S_4，导热系数分别为 λ_1、λ_2、λ_3、λ_4，形状系数为 $S = 4$，炉底最小宽度为 $B = 5.28\text{m}$。

通过方程组迭代求出未知量：

$$
\begin{cases}
\lambda = a + bt_{均} \\
q = KS\lambda \dfrac{t_1 - t_6}{B} \\
t_2 = t_1 - q\dfrac{S_1}{\lambda_1} \\
t_3 = t_1 - q\left(\dfrac{S_1}{\lambda_1} + \dfrac{S_2}{\lambda_2}\right) \\
t_4 = t_1 - q\left(\dfrac{S_1}{\lambda_1} + \dfrac{S_2}{\lambda_2} + \dfrac{S_3}{\lambda_3}\right) \\
t_5 = t_1 - q\left(\dfrac{S_1}{\lambda_1} + \dfrac{S_2}{\lambda_2} + \dfrac{S_3}{\lambda_3} + \dfrac{S_4}{\lambda_4}\right)
\end{cases}
$$

计算结果汇总见表 3-7-6。

表 3-7-6 计算结果汇总

厚度 S/m	S_1		S_2		S_3		S_4	
	0.230		0.204		0.136		0.060	
导热系数 λ /kJ·$(m \cdot h \cdot \text{℃})^{-1}$	λ_1		λ_2		λ_3		λ_4	
	1.110×4.18		0.499×4.18		0.735×4.18		0.081×4.18	
温度 t/℃	t_1	t_2	t_3		t_4	t_5		t_6
	1320	1156	834		688	104		30
热流 q /kJ·$(m^2 \cdot h)^{-1}$	q							
	788.8×4.18							

综上得

$Q_5' = 131.88 \times 5.28 \times (2111.6 + 788.8) \times 4.18 + 131.88 \times 1.8 \times 2 \times 1.1 \times 881.3 \times 4.18$

$= 10365896 \text{kJ/h}$

（6）炉门和窥孔因辐射而散失的热量。

$$Q_6' = 4.18 \times 4.88 \left(\frac{T_L}{100}\right)^4 F \Phi \frac{\Psi}{60} \tag{3-7-140}$$

式中　T_L——炉门和窥孔处的炉温，K；

　　　　F——炉门或窥孔的面积，m^2；

　　　　Φ——角度修正系数；

　　　　Ψ——一小时内炉门或窥孔的开启时间，min。

炉门散热为

$$Q_{6\text{-}1}' = 2 \times 4.18 \times 4.88 \times \left(\frac{1320 + 273}{100}\right)^4 \times 0.195 \times 0.40$$

$$= 204920 \text{kJ/h}$$

窥孔散热为

$$Q_{6\text{-}2}' = 4.18 \times 4.88 \times \left(\frac{850 + 273}{100}\right)^4 \times 2.05 \times 0.68$$

$$= 452249 \text{kJ/h}$$

$$Q_6' = Q_{6\text{-}1}' + Q_{6\text{-}2}' = 204920 + 452249 = 657169 \text{kJ/h}$$

（7）炉门、窥孔、墙缝等因冒气而损失的热量。

在热平衡计算中，本项热损失通常包括在第二项出炉烟气带走的热量中，不单独进行计算，即

$$Q_7' = 0 \text{kJ/h} \tag{3-7-141}$$

（8）炉子水冷构件吸热损失的热量。

$$Q_8' = GR(T_2 - T_1) \times 4.18 \tag{3-7-142}$$

$$= 180 \times 1000 \times 1 \times (38 - 28) \times 4.18$$

$$= 7524000 \text{kJ/h}$$

式中　G——炉子最大产量，t/h；

　　　　R——耗水量，t/t；

　　　　T_2——回水温度，℃；

　　　　T_1——来水温度，℃。

（9）其他热损失。

$$Q_9' = nBQ_{\text{dw}}^{\text{y}} = 1.5\% \times 8500 \times 4.18B = 532.9B \tag{3-7-143}$$

式中　B——燃料消耗量，m^3/h；

　　　　Q_{dw}^{y}——燃料的低发热量，kJ/m^3；

　　　　n——其他热损失占燃料燃烧热的比例，取 $n = 1.5\%$。

根据热平衡，热收入＝热支出，即

带 B 项 $= Q_1 + Q_2 + Q_3 - Q_2' - Q_3' - Q_9'$ 　　　　　　　（3-7-144）

$$= 35530B+0+5245.5B-13551.7B-672.5B-532.9B$$

$$= 26018.4B$$

数值项 $= Q_1'+Q_5'+Q_6'+Q_7'+Q_8'-Q_4-Q_5$ $\qquad\qquad$ (3-7-145)

$$= 152526528 + 10365896 + 657169 + 0 + 7524000 - 0 - 15236100$$

$$= 155837493 \text{kJ/h}$$

$$B = \frac{\text{数值项}}{\text{带 } B \text{ 项}} = \frac{155837493}{26018.4} = 5989.5 \text{m}^3/\text{h} \qquad (3\text{-}7\text{-}146)$$

则热量总和为

$$Q = Q_1B + Q_2B + Q_3B + Q_4B + Q_5$$

$$= 35530 \times 5989.5 + 0 \times 5989.5 + 5245.5 \times 5989.5 + 0 \times 5989.5 + 15236100$$

$$= 259460957 \text{kJ/h}$$

$$\qquad\qquad\qquad (3\text{-}7\text{-}147)$$

实际单位热耗为

$$R = \frac{BQ_{dw}^y}{G}$$

$$= \frac{5989.5 \times 8500 \times 4.18}{160 \times 1000000} \qquad (3\text{-}7\text{-}148)$$

$$= 1.330 \text{GJ/t}$$

式中 B——燃料消耗量，m^3/h；

$\qquad$ Q_{dw}^y——燃料的低发热量，kJ/m^3；

$\qquad$ G——炉子平均产量，t/h。

为了便于比较和评价炉子工作，通常都将热量的收支各项及其在总热量中所占比例列成热平衡表，见表3-7-7。

表 3-7-7 热平衡表

类型	项 目	数值/$\text{kJ} \cdot \text{h}^{-1}$	比例/%
热收入项	燃料燃烧的化学热量	212806935	82.02
	燃料带入的物理热量	0	0.00
	空气预热带入的物理热量	31417922	12.11
	雾化用蒸汽带入的热量	0	0.00
	钢氧化反应的化学热量	15236100	5.87
热支出项	钢加热所需的热量	152526528	58.79
	出炉烟气带走的热量	81167907	31.28
	燃料化学不完全燃烧损失的热量	4027939	1.55
	燃料因机械不完全燃烧损失的热量	0	0.00
	炉体砌筑散热或蓄热损失的热量	10365896	4.00
	炉门和窥孔因辐射而散失的热量	657169	0.25
	炉门、窥孔、墙缝等因冒气而损失的热量	0	0.00
	炉子水冷构件吸热损失的热量	7524000	2.90
	其他热损失	3191805	1.23

考虑到燃料在烧嘴处留有一定的余量，取强化系数为1.2，则实际需要的燃料量为

$$1.2B = 1.2 \times 5989.4 = 7187.3 \approx 7200 \text{m}^3/\text{h}$$

3.8 排烟系统设计计算

3.8.1 换热器烟气温度的确定

3.8.1.1 换热器前烟气温度的确定

已知数据见表3-8-1。

表 3-8-1 已知数据

序 号	名 称	单 位	数 据
1	实际空气需要量	m^3/m^3	9.8343
2	燃烧烟气量	m^3/m^3	11.164
3	燃料消耗量	m^3/h	7200
4	进换热器前空气温度	℃	20
5	空气预热温度	℃	400
6	出炉烟气温度	℃	800
7	换热器前烟道长	m	8

预热空气量为

$$V_k = L_n B = 9.8343 \times 7200 = 70806.96 \text{m}^3/\text{h} \tag{3-8-1}$$

式中　B——燃料消耗量，m^3/h；

　　　L_n——实际空气需要量，m^3/m^3。

烟气量为

$$V_y = V_n B = 11.164 \times 7200 = 80380.80 \text{m}^3/\text{h} \tag{3-8-2}$$

式中　B——燃料消耗量，m^3/h；

　　　V_n——烟气量，m^3/m^3。

进换热器时烟气温度为

$$t_y' = t_y - \Delta t L = 800 - 2 \times 8 = 784℃ \tag{3-8-3}$$

式中　t_y——出炉烟气温度，℃；

　　　Δt——烟道温降，℃，取每米2℃；

　　　L——换热器前烟道长，m。

3.8.1.2 换热器后烟气温度的确定

空气在预热器中获得的热量为

$$Q = c_{kp} V_k''(t_k'' - t_k') \tag{3-8-4}$$
$$= 0.317 \times 4.18 \times 70806.96 \times (400 - 20)$$
$$= 35652918.76 \text{kJ/h}$$

式中　c_{kp}——空气比热容的平均值，$\text{kJ}/(\text{m}^3 \cdot ℃)$；

V''_k——出换热器的空气的流量，m³/h；

t''_k——空气预热温度，℃；

t'_k——换热器前空气温度，℃。

出换热器时烟气温度为

$$t''_y = \frac{c'_y V'_y t'_y - Qm}{c''_y V''_y} \tag{3-8-5}$$

$$= \frac{0.363 \times 4.18 \times 80380.80 \times 784 - 35652918.76 \times 1.05}{0.356 \times 4.18 \times 80380.80}$$

$$= 486.4℃$$

式中　c'_y——进换热器时的烟气比热容，kJ/(m³·℃)；

　　　c''_y——出换热器时的烟气比热容，kJ/(m³·℃)；

　　　V'_y——进换热器的烟气量，m³/h；

　　　V''_y——出换热器的烟气量，m³/h；

　　　t'_y——进换热器时的烟气温度，℃；

　　　Q——空气预热获得的热量，kJ/h；

　　　m——考虑换热器热损失的系数，取1.05。

注：换热器阻力计算参考其他设计资料中的换热器设计。

3.8.2　烟道的设计

3.8.2.1　烟道基本参数计算

本设计中设定烟气的流速为4m/s。

烟气量为

$$V_y = \frac{80380.80}{3600} = 22.33\text{m}^3/\text{s} \tag{3-8-6}$$

由连续方程 $V_y = vst$，得

$$s = \frac{V_y}{vt} = \frac{22.33}{4} = 5.582\text{m}^2 \tag{3-8-7}$$

式中　V_y——烟气量，m³/s；

　　　v——烟气流速，m/s，取 $v = 4$m/s；

　　　t——1h 时间，3600s。

由以上数据选择的烟道为：拱顶角180°，烟道内宽2320mm，高度2928mm，当量直径2617mm，烟道周长9.45m，截面积6.216m²。

3.8.2.2　烟道的阻力计算

烟道阻力包括摩擦阻力和局部阻力两部分。

摩擦阻力包括气体与管壁及气体本身的黏性产生的阻力，计算中以 $h_摩$ 表示。

$$h_摩 = \lambda \frac{L}{d} h_t \quad \text{Pa}$$

其中

$$h_t = 9.8 \frac{v^2}{2g} \rho_0 (1 + \beta t) \quad \text{Pa}$$

局部阻力损失是由于通道断面有显著变化或改变方向，使气流脱离通道壁形成涡流而引起的能量损失。局部阻力的公式为

$$h_{局} = \xi h_t = 9.8\xi\frac{v^2}{2g}\rho_0(1+\beta t) \quad \text{Pa}$$

气体在换热器前温度时的速度头为

$$h_{t前} = 9.8\frac{v^2}{2g}\rho_0(1+\beta t) \tag{3-8-8}$$

$$= 9.8 \times \frac{4^2 \times 1.2227 \times \left(1+\frac{784}{273}\right)}{2 \times 9.8}$$

$$= 37.87\text{Pa}$$

式中　v——烟气流速，m/s；

　　　ρ_0——烟气密度，kg/m^3；

　　　β——体积膨胀系数，等于 1/273；

　　　t——气体的实际温度，℃。

气体在换热器后温度时的速度头为

$$h_{t后} = 9.8\frac{v^2}{2g}\rho_0(1+\beta t) \tag{3-8-9}$$

$$= 9.8 \times \frac{4^2 \times 1.2227 \times \left(1+\frac{486.4}{273}\right)}{2 \times 9.8}$$

$$= 27.21\text{Pa}$$

平均通径为

$$d = \frac{4F}{u} = \frac{4 \times 6.22}{9.45} = 2.63\text{m} \tag{3-8-10}$$

式中　F——通道断面积，m^2；

　　　u——通道断面周长，m。

所以，摩擦阻力损失为

$$h_{摩} = \lambda\frac{L_1}{d}h_{t前} + \lambda\frac{L_2}{d}h_{t后} \tag{3-8-11}$$

$$= 0.05 \times \frac{8}{2.63} \times 37.87 + 0.05 \times \frac{71}{2.63} \times 27.21$$

$$= 42.47\text{Pa}$$

式中　λ——摩擦系数，取 $\lambda = 0.05$；

　　　L_1——换热器前烟道长，m；

　　　L_2——换热器后烟道长，m；

　　　d——平均通径，m；

　　　$h_{t前}$——气体在换热器前温度时的速度头，Pa；

　　　$h_{t后}$——气体在换热器后温度时的速度头，Pa。

局部阻力系数计算见表 3-8-2。

表 3-8-2 局部阻力系数计算

阻力类型	阻力系数	换热器前阻力数量	换热器后阻力数量
30°弯	0.12	0	0
45°弯	0.2	1	0
60°弯	0.49	0	0
90°弯	1.1	0	1
扩散	0.26	1	0
逐渐收缩	0.1	0	2
分流	0.22	0	0
群通道合流	1.5	0	0
进烟囱	1.45	0	1
蝶阀	0.52	0	1
突然扩大	0.04	0	1
风机出口	0.25	0	1
总和		0.46	3.56

所以，局部阻力损失为

$$h_{局} = \sum \xi_i h_t \tag{3-8-12}$$
$$= \xi_1 h_{t前} + \xi_2 h_{t后}$$
$$= 0.46 \times 37.87 + 3.56 \times 27.21$$
$$= 114.29 \text{Pa}$$

式中　ξ_1——换热器前局部阻力系数；

　　　ξ_2——换热器后局部阻力系数；

　　　$h_{t前}$——气体在换热器前温度时的速度头，Pa；

　　　$h_{t后}$——气体在换热器后温度时的速度头，Pa。

综上烟道总阻力损失为

$$h_{烟道} = h_{摩} + h_{局} + h_{换} + h_{余} \tag{3-8-13}$$
$$= 42.47 + 114.29 + 1176.00 + 342.02$$
$$= 1674.77 \text{Pa}$$

式中　$h_{摩}$——摩擦阻力损失，Pa；

　　　$h_{局}$——局部阻力损失，Pa；

　　　$h_{换}$——换热器阻力损失，Pa；

　　　$h_{余}$——余热锅炉阻力损失，Pa。

烟道阻力损失计算结果汇总见表 3-8-3。

表 3-8-3　烟道阻力损失计算结果汇总

序　号	项　目	单　位	结　果
1	气体速度	m/s	4
2	换热器前温度	℃	784
3	换热器后温度	℃	486.4
4	气体密度	kg/m^3	1.2227
5	烟道断面积	m^2	6.22
6	烟道周长	m	9.45
7	烟气量	m^3/s	22.33
8	$h_{U前}$	Pa	37.87
9	$h_{U后}$	Pa	27.21
10	摩擦系数 λ		0.05
	换热器前管长 L	m	8
	换热器后管长 L	m	71
	平均通径 d	m	2.63
	摩擦阻力损失	Pa	42.47
11	30°弯	个	0
	45°弯	个	0.2
	60°弯	个	0
	90°弯	个	1.1
	扩散	个	0.26
	逐渐收缩	个	0.2
	分流	个	0
	群通道合流	个	0
	进烟囱	个	1.45
	蝶阀	个	0.52
	突然扩大	个	0.04
	风机出口	个	0.25
	局部阻力	Pa	114.29
12	余热锅炉	Pa	1176
13	换热器	Pa	342.02
	烟道总阻力损失	Pa	1674.77

3.8.3　烟囱的设计

本设计采用强制排烟，由排烟机取代烟囱的抽力作用，故烟囱高度可以取定，现取烟囱高 $H = 25\text{m}$。

3.8.3.1　烟囱尺寸的确定

设每米烟囱温降 $\Delta t = 3℃$，烟囱出口速度 $w_1 = 4\text{m/s}$，烟气密度 $\rho_0 = 1.2227\text{kg/m}^3$（由

燃料计算得到），烟囱底部温度 $t_2 = 150℃$ （由余热锅炉设计计算得到）。

烟囱顶部温度为

$$t_1 = t_2 - \Delta tH = 150 - 3 \times 25 = 75℃ \tag{3-8-14}$$

式中　t_2——烟囱底部温度，℃；

　　　Δt——每米烟囱温降，℃；

　　　H——烟囱高度，m。

烟囱内平均温度为

$$t = \frac{t_1 + t_2}{2} = \frac{150 + 75}{2} = 112.5℃ \tag{3-8-15}$$

烟囱出口直径为

$$d_1 = 1.13\sqrt{V/w_1} = 1.13 \times \sqrt{\frac{22.33}{4}} = 2.67\text{m} \tag{3-8-16}$$

式中　V——烟气量，m^3/s；

　　　w_1——烟囱出口速度，m/s。

由于采用钢烟囱，故烟囱底部直径可取

$$d_2 = d_1 = 2.67\text{m}$$

烟囱平均内径为

$$d = \frac{1}{2}(d_1 + d_2) = \frac{1}{2} \times (2.67 + 2.67) = 2.67\text{m}$$

3.8.3.2 烟囱阻力损失计算

烟囱底部流速为

$$w_2 = \frac{1.27V}{d_2^2} = \frac{1.27 \times 22.33}{2.67^2} = 3.98\text{m/s} \tag{3-8-17}$$

式中　V——烟气量，m^3/s；

　　　d_2——烟囱底部直径，m。

烟囱内平均流速为

$$w = \frac{1}{2}(w_1 + w_2) = \frac{1}{2} \times (4 + 3.98) = 3.99\text{m/s} \tag{3-8-18}$$

顶部速度头为

$$h_1 = 9.8 \frac{w_1^2}{2g}\rho_0(1 + \beta t_1) \tag{3-8-19}$$

$$= 9.8 \times \frac{4^2 \times 1.2227 \times \left(1 + \dfrac{75}{273}\right)}{2 \times 9.8}$$

$$= 12.47\text{Pa}$$

式中　w_1——烟囱顶部流速，m/s；

　　　ρ_0——烟气密度，kg/m^3；

　　　β——体积膨胀系数，等于1/273；

t_1——烟囱顶部烟气温度,℃。

底部速度头为

$$h_2 = 9.8 \frac{w_2^2}{2g} \rho_0 (1 + \beta t_2) \tag{3-8-20}$$

$$= 9.8 \times \frac{3.98^2 \times 1.2227 \times \left(1 + \frac{150}{273}\right)}{2 \times 9.8}$$

$$= 14.99 \text{Pa}$$

式中 w_2——烟囱底部流速,m/s;

　　　 t_2——烟囱底部烟气温度,℃。

平均速度头为

$$h = 9.8 \frac{w^2}{2g} \rho_0 (1 + \beta t) \tag{3-8-21}$$

$$= 9.8 \times \frac{3.99^2 \times 1.2227 \times \left(1 + \frac{112.5}{273}\right)}{2 \times 9.8}$$

$$= 13.74 \text{Pa}$$

式中 w——烟囱内平均流速,m/s;

　　　 t——烟囱内平均温度,℃。

包头地区夏天最高月平均温度 $t_0 = 20$℃ ,则

每米高度上的几何压头为

$$h_j = \frac{1.293}{1 + \frac{t_0}{273}} - \frac{1.2227}{1 + \frac{t}{273}} \tag{3-8-22}$$

$$= -\frac{1.293}{1 + \frac{20}{273}} - \frac{1.2227}{1 + \frac{112.5}{273}}$$

$$= 3.32 \text{Pa}$$

每米烟囱的摩擦损失为

$$h_m = \frac{\lambda h}{d} = \frac{0.05 \times 13.74}{2.67} = 0.257 \text{Pa} \tag{3-8-23}$$

式中 λ——摩擦系数,取 $\lambda = 0.05$;

　　　 h——平均速度头,Pa;

　　　 d——平均直径,m。

所以,烟囱总阻力损失为

$$h_{烟囱} = h_j H + h_m H \tag{3-8-24}$$

$$= 3.32 \times 25 + 0.257 \times 25$$

$$= 89.43 \text{Pa}$$

式中 h_j——每米高度上的几何压头,Pa;

h_{m}——每米烟囱的摩擦损失，Pa；

H——烟囱高度，m。

3.8.4 炉膛内阻力损失计算

将炉膛分为五个计算段，分别进行计算。

炉膛阻力计算已知数据见表 3-8-4。

表 3-8-4 炉膛阻力计算已知数据

计算段	1	2	3	4	5
各段入口烟温/℃	800	1000	1150	1350	1280
平均温度/℃	900	1075	1250	1350	1280
气体密度/kg·m⁻³			1.2227		
气体速度/m·s⁻¹			3		
炉膛高/m	1.3	1.3	1.8	1.8	1.5
炉膛宽/m	5.28	5.28	5.28	5.28	5.28
炉膛长/m	27.9	23.0	21.9	28.6	23.0

3.8.4.1 第一计算段

炉膛断面积为

$$S = HB = 1.3 \times 5.28 = 6.86 \mathrm{m}^2 \tag{3-8-25}$$

式中　H——炉膛高度，m；

　　　B——炉膛宽度，m。

炉膛周长为

$$l = 2(H + B) = 2 \times (1.3 + 5.28) = 13.16 \mathrm{m} \tag{3-8-26}$$

平均通径为

$$d = \frac{4S}{l} = \frac{4 \times 6.86}{13.16} = 2.09 \mathrm{m} \tag{3-8-27}$$

式中　S——炉膛断面积，m²；

　　　l——炉膛周长，m。

速度头为

$$h_{\mathrm{t}} = 9.8 \frac{v_0^2}{2g} \rho_0 (1 + \beta t) \tag{3-8-28}$$

$$= 9.8 \times \frac{3^2 \times 1.2227 \times \left(1 + \dfrac{900}{273}\right)}{2 \times 9.8}$$

$$= 23.64 \mathrm{Pa}$$

式中　v_0——烟气流速，m/s；

　　　ρ_0——烟气密度，kg/m³；

　　　β——体积膨胀系数，等于 1/273；

　　　t——气体的实际温度，℃。

则摩擦阻力损失为

$$h_{摩} = \lambda \frac{L}{d} h_t = 0.05 \times \frac{27.9}{2.09} \times 23.64 = 15.78 Pa \qquad (3-8-29)$$

式中 λ——摩擦系数，取 $\lambda = 0.05$；

   L——计算段长度，m；

   d——平均通径，m；

   h_t——速度头，Pa。

已知局部阻力类型为断面弯头，局部阻力系数为 0.18。

则局部阻力损失为

$$h_{局} = \xi h_t = 0.18 \times 23.64 = 4.26 Pa \qquad (3-8-30)$$

式中 ξ——局部阻力系数；

   h_t——速度头，Pa。

综上第一计算段阻力损失为

$$h_1 = h_{摩} + h_{局} = 15.78 + 4.26 = 20.04 Pa \qquad (3-8-31)$$

3.8.4.2 第二计算段

炉膛断面积为

$$S = HB = 1.3 \times 5.28 = 6.86 m^2 \qquad (3-8-32)$$

炉膛周长为

$$l = 2(H + B) = 2 \times (1.3 + 5.28) = 13.16 m \qquad (3-8-33)$$

平均通径为

$$d = \frac{4S}{l} = \frac{4 \times 6.86}{13.16} = 2.09 m \qquad (3-8-34)$$

速度头为

$$h_t = 9.8 \frac{v_0^2}{2g} \rho_0 (1 + \beta t) \qquad (3-8-35)$$

$$= 9.8 \times \frac{3^2 \times 1.2227 \times \left(1 + \frac{1075}{273}\right)}{2 \times 9.8}$$

$$= 27.17 Pa$$

则摩擦阻力损失为

$$h_{摩} = \lambda \frac{L}{d} h_t = 0.05 \times \frac{23.0}{2.09} \times 27.17 = 14.95 Pa \qquad (3-8-36)$$

已知局部阻力类型为断面弯头，局部阻力系数为 0.18。

则局部阻力损失为

$$h_{局} = \xi h_t = 0.18 \times 27.17 = 4.89 Pa \qquad (3-8-37)$$

综上第二计算段阻力损失为

$$h_2 = h_{摩} + h_{局} = 14.95 + 4.89 = 19.84 Pa \qquad (3-8-38)$$

3.8.4.3 第三计算段

炉膛断面积为

$$S = HB = 1.8 \times 5.28 = 9.50 m^2 \qquad (3-8-39)$$

炉膛周长为

$$l = 2(H + B) = 2 \times (1.8 + 5.28) = 14.16\text{m} \tag{3-8-40}$$

平均通径为

$$d = \frac{4S}{l} = \frac{4 \times 9.50}{14.16} = 2.68\text{m} \tag{3-8-41}$$

速度头为

$$h_t = 9.8 \frac{v_0^2}{2g} \rho_0 (1 + \beta t) \tag{3-8-42}$$

$$= 9.8 \times \frac{3^2 \times 1.2227 \times \left(1 + \frac{1250}{273}\right)}{2 \times 9.8}$$

$$= 30.70\text{Pa}$$

则摩擦阻力损失为

$$h_摩 = \lambda \frac{L}{d} h_t = 0.05 \times \frac{21.9}{2.68} \times 30.70 = 12.54\text{Pa} \tag{3-8-43}$$

已知局部阻力类型为断面弯头，局部阻力系数为 0.18。

则局部阻力损失为

$$h_局 = \xi h_t = 0.18 \times 30.70 = 5.53\text{Pa} \tag{3-8-44}$$

综上第三计算段阻力损失为

$$h_3 = h_摩 + h_局 = 12.54 + 5.53 = 18.07\text{Pa} \tag{3-8-45}$$

3.8.4.4 第四计算段

炉膛断面积为

$$S = HB = 1.8 \times 5.28 = 9.50\text{m}^2 \tag{3-8-46}$$

炉膛周长为

$$l = 2(H + B) = 2 \times (1.8 + 5.28) = 14.16\text{m} \tag{3-8-47}$$

平均通径为

$$d = \frac{4S}{l} = \frac{4 \times 9.50}{14.16} = 2.68\text{m} \tag{3-8-48}$$

速度头为

$$h_t = 9.8 \frac{v_0^2}{2g} \rho_0 (1 + \beta t) \tag{3-8-49}$$

$$= 9.8 \times \frac{3^2 \times 1.2227 \times \left(1 + \frac{1350}{273}\right)}{2 \times 9.8}$$

$$= 32.71\text{Pa}$$

则摩擦阻力损失为

$$h_摩 = \lambda \frac{L}{d} h_t = 0.05 \times \frac{28.6}{2.68} \times 32.71 = 17.45\text{Pa} \tag{3-8-50}$$

已知局部阻力类型为断面弯头，局部阻力系数为 0.18。

则局部阻力损失为

$$h_{局} = \xi h_t = 0.18 \times 32.71 = 5.89 \text{Pa} \tag{3-8-51}$$

综上第四计算段阻力损失为

$$h_4 = h_{摩} + h_{局} = 17.45 + 5.89 = 23.34 \text{Pa} \tag{3-8-52}$$

3.8.4.5　第五计算段

炉膛断面积为

$$S = HB = 1.5 \times 5.28 = 7.92 \text{m}^2 \tag{3-8-53}$$

炉膛周长为

$$l = 2(H + B) = 2 \times (1.5 + 5.28) = 13.56 \text{m} \tag{3-8-54}$$

平均通径为

$$d = \frac{4S}{l} = \frac{4 \times 7.92}{13.56} = 2.34 \text{m} \tag{3-8-55}$$

速度头为

$$h_t = 9.8 \frac{v_0^2}{2g} \rho_0 (1 + \beta t) \tag{3-8-56}$$

$$= 9.8 \times \frac{3^2 \times 1.2227 \times \left(1 + \dfrac{1280}{273}\right)}{2 \times 9.8}$$

$$= 31.30 \text{Pa}$$

则摩擦阻力损失为

$$h_{摩} = \lambda \frac{L}{d} h_t = 0.05 \times \frac{23.0}{2.34} \times 31.30 = 15.38 \text{Pa} \tag{3-8-57}$$

局部阻力类型为断面弯头，局部阻力系数为 0.18。

则局部阻力损失为

$$h_{局} = \xi h_t = 0.18 \times 31.30 = 5.63 \text{Pa} \tag{3-8-58}$$

综上第五计算段阻力损失为

$$h_5 = h_{摩} + h_{局} = 15.38 + 5.63 = 21.01 \text{Pa} \tag{3-8-59}$$

所以，炉膛内阻力损失为

$$h_{炉膛} = h_1 + h_2 + h_3 + h_4 + h_5 \tag{3-8-60}$$

$$= 20.04 + 19.84 + 18.07 + 23.34 + 21.01$$

$$= 102.30 \text{Pa}$$

3.8.5　风机的选取

3.8.5.1　掺冷风机的选取

掺冷风量计算：

$$V_1(t_1 c_1' - t_2 c_2') = V_2(t_2 c_2 - t_0 c_0) \tag{3-8-61}$$

式中　V_1——未掺入冷气体前的烟气量，m^3/h；

　　　V_2——掺入冷气体量，m^3/h；

t_0——冷空气的原始温度, ℃;

t_1——掺入冷气体前的烟气温度, ℃;

t_2——掺入冷气体后的烟气温度, ℃;

c_0——冷气体在 t_0 时的平均比热容, kJ/(m^3·℃);

c_2——冷气体在 t_2 时的平均比热容, kJ/(m^3·℃);

c_1'——烟气在 t_1 时的平均比热容, kJ/(m^3·℃);

c_2'——烟气在 t_2 时的平均比热容, kJ/(m^3·℃)。

换热器前掺冷风量为

$$V_2' = \frac{V_1(t_1 c_1' - t_2 c_2')}{t_2 c_2 - t_0 c_0} \tag{3-8-62}$$

$$= \frac{80380.8 \times (900 \times 0.366 \times 4.18 - 850 \times 0.364 \times 4.18)}{850 \times 0.334 \times 4.18 - 20 \times 0.311 \times 4.18}$$

$$= 5789.5 m^3/h$$

排烟机前掺冷风量为

$$V_2'' = \frac{V_1(t_1 c_1' - t_2 c_2')}{t_2 c_2 - t_0 c_0} \tag{3-8-63}$$

$$= \frac{80380.8 \times (300 \times 0.344 \times 4.18 - 250 \times 0.342 \times 4.18)}{250 \times 0.314 \times 4.18 - 20 \times 0.311 \times 4.18}$$

$$= 19683.7 m^3/h$$

所以, 需要的总冷风量为

$$Q_0 = V_2' + V_2'' = 5789.5 + 19683.7 = 25473 m^3/h \tag{3-8-64}$$

掺冷风机型号的确定: 所需风量 $Q_0 = 25473 m^3/h$, 所需全风压等于所有阻力损失之和, 即

$$H = h_{烟道} + h_{烟囱} + h_{炉膛}$$
$$= 1674.77 + 89.43 + 102.30 \tag{3-8-65}$$
$$= 1866.50 Pa$$

式中　$h_{烟道}$——烟道阻力损失, Pa;

$h_{烟囱}$——烟囱阻力损失, Pa;

$h_{炉膛}$——炉膛阻力损失, Pa。

包头地区大气压力 $B = 674 mmHg$, 夏天最高月平均温度 $t = 20℃$, 则

所需实际风量为

$$Q = Q_0 \frac{760}{B} \times \frac{273 + t}{273} \tag{3-8-66}$$

$$= 25473 \times \frac{760}{674} \times \frac{273 + 20}{273}$$

$$= 30828 m^3/h$$

根据 Q 和 H 值查风机样本并考虑地区条件, 初选 G4-68No.9D 型风机, 其性能参数为: $Q_1 = 33544 m^3/h$, $H_1 = 2491 Pa$, 轴功率 $N_1 = 29.76 kW$, 配用电动机 (Y200L-4) 30kW。

按地区条件换算有

$$Q_2 = Q_1 = 33544 \text{m}^3/\text{h} \tag{3-8-67}$$

实际全风压为

$$H_2 = H_1 \frac{B}{760} \times \frac{273 + 20}{273 + t} \tag{3-8-68}$$

$$= 2491 \times \frac{674}{760} \times \frac{273 + 20}{273 + 20}$$

$$= 2209 \text{Pa}$$

从换算后的结果看出，Q_2 和 H_2 值可以满足炉子实际需要的掺冷风量 Q 和全风压 H 的要求，所以选用该型风机。

换算轴功率为

$$N_2 = N_1 \frac{B}{760} \times \frac{273 + 20}{273 + t} \tag{3-8-69}$$

$$= 29.76 \times \frac{674}{760} \times \frac{273 + 20}{273 + 20}$$

$$= 26.39 \text{kW}$$

考虑到传动机械效率和电动机效率等条件，配用 30kW 电动机。

3.8.5.2　排烟机的选取

炉子排烟系统阻力较大不便于自然排烟，故采用排烟机强制排烟来代替烟囱抽力的作用。

已知所需风量 $Q_0 = 80380.8 + 33544 = 113925 \text{m}^3/\text{h}$，所需全风压等于所有阻力损失之和，即

$$H = h_{烟道} + h_{烟囱} + h_{炉膛} \tag{3-8-70}$$

$$= 1674.77 + 89.43 + 102.30$$

$$= 1866.50 \text{Pa}$$

包头地区大气压力 $B = 674 \text{mmHg}$，夏天最高月平均温度 $t = 20℃$，则。

所需实际风量为

$$Q = Q_0 \frac{760}{B} \times \frac{273 + t}{273} \tag{3-8-71}$$

$$= 113925 \times \frac{760}{674} \times \frac{273 + 20}{273}$$

$$= 128105 \text{m}^3/\text{h}$$

风机性能一般均指在标准状态下的风机性能，当使用状态为非标准状态时，则必须把非标准状态的性能换算到标准状态的性能，然后根据换算后的性能选择风机。设定排烟机的最高工作温度为 $t = 250℃$，将所需实际风量转化成标准状态下的风量为

$$Q_{标} = Q(1 + \beta t) = 128105 \times \left(1 + \frac{250}{273}\right) = 245417 \text{m}^3/\text{h} \tag{3-8-72}$$

根据 $Q_{标}$ 和 H 值查风机样本并考虑地区条件，初选 Y4-73No.20D 型风机，其性能参数为：$Q_1 = 254670 \text{m}^3/\text{h}$，$H_1 = 3290 \text{Pa}$，轴功率 $N_1 = 352 \text{kW}$，配用电动机（JSQ1410-6）380kW。

按地区条件换算有

$$Q_2 = Q_1 = 254670 \text{m}^3/\text{h} \tag{3-8-73}$$

实际全风压为

$$H_2 = H_1 \frac{B}{760} \times \frac{273 + 20}{273 + t} \tag{3-8-74}$$

$$= 3290 \times \frac{674}{760} \times \frac{273 + 20}{273 + 20}$$

$$= 2918 \text{Pa}$$

从换算后的结果看出，Q_2 和 H_2 值可以满足炉子实际排出的烟气量 Q 和全风压 H 的要求，所以选用该型风机。

换算轴功率为

$$N_2 = N_1 \frac{B}{760} \times \frac{273 + 20}{273 + t} \tag{3-8-75}$$

$$= 352 \times \frac{674}{760} \times \frac{273 + 20}{273 + 20}$$

$$= 312 \text{kW}$$

考虑到传动机械效率和电机效率等条件，配用 380kW 电动机。

3.8.6 烟道的传热

3.8.6.1 架空烟道部分

架空烟道砌筑材料组成见表 3-8-5。

表 3-8-5 架空烟道砌筑材料组成

	耐 火 纤 维	
A 点	200mm	
B 点	轻质保温砖	耐火纤维
	232mm	60mm
C 点	轻质保温砖	耐火纤维
	232mm	60mm

各砌筑材料的导热系数如下：

轻质保温砖的导热系数为

$$\lambda = (0.25 + 0.25 \times 10^{-3} t_{均}) \times 4.18 \text{kJ}/(\text{m} \cdot \text{h} \cdot \text{℃})$$

耐火纤维的导热系数为

$$\lambda = 0.081 \text{kJ}/(\text{m} \cdot \text{h} \cdot \text{℃})$$

（1）烟道 A 点处散热计算。设烟气温度为 $t_1 = 800℃$，环境温度为 $t_3 = 20℃$，烟道外表面温度为 t_2，通过的热流为 q，砌筑材料的厚度为 S_1，导热系数为 λ_1，则

热流为

$$q = \frac{t_1 - t_3}{\dfrac{S_1}{\lambda_1} + \alpha} = \frac{800 - 20}{\dfrac{0.200}{0.081} + 0.059} = 309 \times 4.18 \text{kJ}/(\text{m}^2 \cdot \text{h}) \tag{3-8-76}$$

烟道外表面温度为

$$t_2 = t_1 - q \frac{S_1}{\lambda_1} = 800 - 309 \times \left(\frac{0.200}{0.081} \right) = 37℃ \tag{3-8-77}$$

计算结果汇总见表 3-8-6。

表 3-8-6　计算结果汇总

材料厚度 S/m	S_1		
	0.200		
导热系数 λ/kJ·(m·h·℃)$^{-1}$	λ_1		
	0.081 × 4.18		
温度 t/℃	t_1	t_2	t_3
	800	37	20
热流 q/kJ·(m²·h)$^{-1}$	q		
	309 × 4.18		

（2）烟道 B 点处散热计算。设烟气温度为 $t_1 = 800℃$，环境温度为 $t_4 = 20℃$，炉墙外表面温度为 t_3，砌筑材料层间温度为 t_2，通过的热流为 q，各层的砌筑材料的厚度分别为 S_1、S_2，导热系数分别为 λ_1、λ_2。

通过方程组迭代求出未知量：

$$\begin{cases} \lambda = a + bt_{均} \\ q = \dfrac{t_1 - t_4}{\dfrac{S_1}{\lambda_1} + \dfrac{S_2}{\lambda_2} + 0.059} \\ t_2 = t_1 - q \dfrac{S_1}{\lambda_1} \\ t_3 = t_1 - q \left(\dfrac{S_1}{\lambda_1} + \dfrac{S_2}{\lambda_2} \right) \end{cases}$$

计算结果汇总见表 3-8-7。

表 3-8-7　计算结果汇总

材料厚度 S/m	S_1		S_2	
	0.232		0.060	
导热系数 λ/kJ·(m·h·℃)$^{-1}$	λ_1		λ_2	
	0.410 × 4.18		0.081 × 4.18	
温度 t/℃	t_1	t_2	t_3	t_4
	800	477	54	20
热流 q/kJ·(m²·h)$^{-1}$	q			
	571 × 4.18			

（3）烟道 C 点处散热计算。设烟气温度为 $t_1 = 486℃$，环境温度为 $t_4 = 20℃$，炉墙外

表面温度为 t_3，砌筑材料层间温度为 t_2，通过的热流为 q，各层的砌筑材料的厚度分别为 S_1、S_2，导热系数分别为 λ_1、λ_2。

通过方程组迭代求出未知量：

$$
\begin{cases}
\lambda = a + bt_{均} \\
q = \dfrac{t_1 - t_4}{\dfrac{S_1}{\lambda_1} + \dfrac{S_2}{\lambda_2} + 0.059} \\
t_2 = t_1 - q\dfrac{S_1}{\lambda_1} \\
t_3 = t_1 - q\left(\dfrac{S_1}{\lambda_1} + \dfrac{S_2}{\lambda_2}\right)
\end{cases}
$$

计算结果汇总见表 3-8-8。

表 3-8-8　计算结果汇总

材料厚度 S/m	S_1		S_2	
	0.232		0.060	
导热系数 λ /kJ·(m·h·℃)$^{-1}$	λ_1		λ_2	
	0.345 × 4.18		0.081 × 4.18	
温度 t/℃	t_1	t_2	t_3	t_4
	486	273	39	20
热流 q /kJ·(m²·h)$^{-1}$	q			
	317 × 4.18			

3.8.6.2　地下烟道部分

由于从余热锅炉出来的烟气温度在 150℃ 左右，温度较低，对周围基础不会造成影响，故没有必要进行传热计算。

附　录

附录1　推钢炉图例

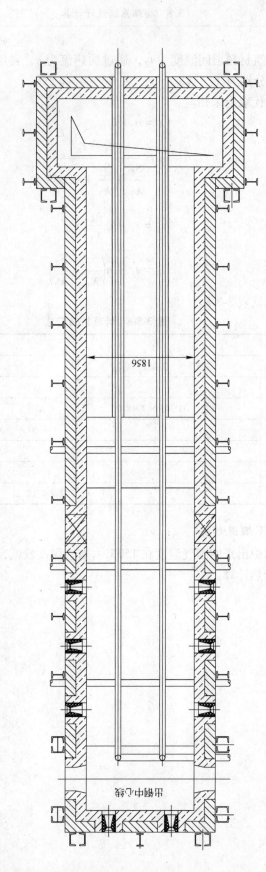

1856

出钢中心线

附图1-1　推钢式加热炉剖面图

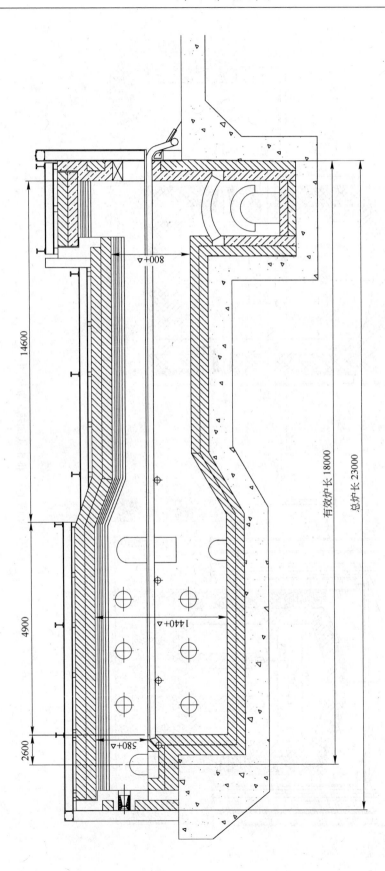

附图 1-2　推钢式加热炉侧剖图

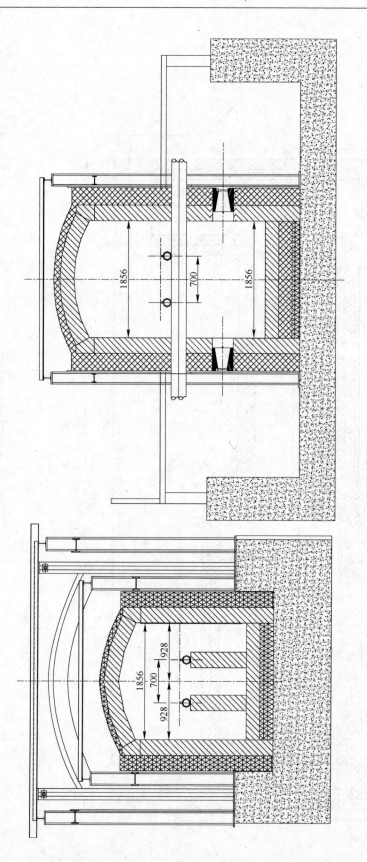

附图 1-3　推钢式加热炉断面图

附录 2 步进炉图例

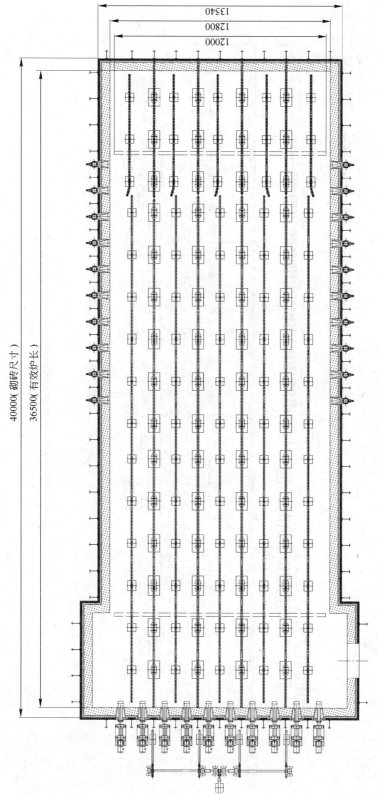

附图 2-1 步进式加热炉剖面图

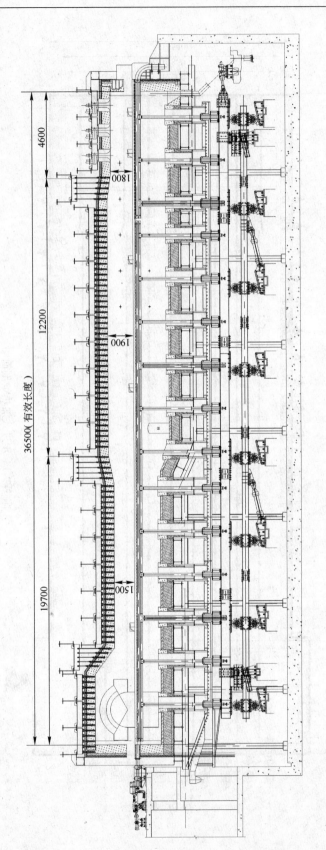

附图 2-2　步进式加热炉侧剖图

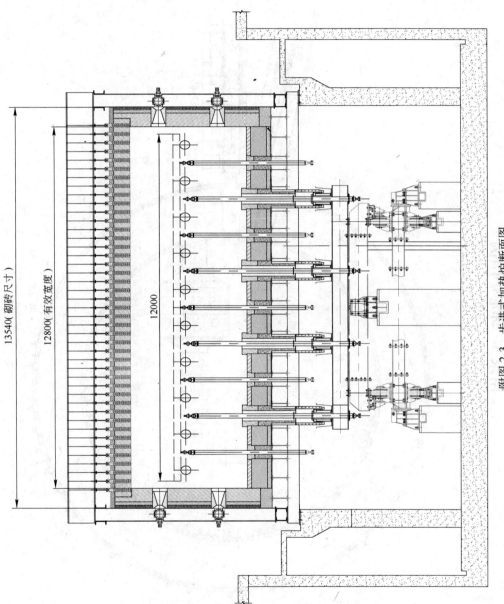

附图 2-3　步进式加热炉断面图

附录 3　环形炉图例

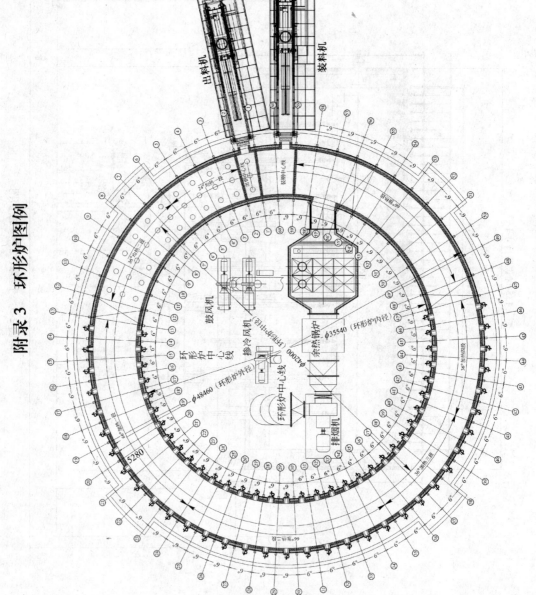

附图 3-1　中径 42m 环形加热炉剖面图

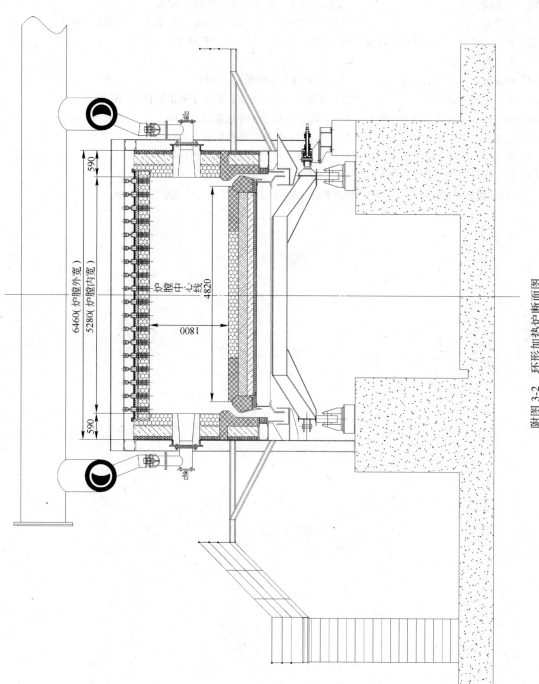

附图 3-2 环形加热炉断面图

参 考 文 献

[1] 王秉铨. 工业炉设计手册 [M]. 2版. 北京：机械工业出版社，1996.

[2] 武文斐，陈伟鹏，刘忠强. 冶金加热炉设计与实例 [M]. 北京：化学工业出版社，2008.

[3] 钢铁厂工业炉设计参考资料编写组. 钢铁厂工业炉设计参考资料（上、下册）[M]. 北京：冶金工业出版社，1977.

[4] 张秉荣. 工程力学 [M]. 4版. 北京：机械工业出版社，2011.

[5] 第一机械工业部编辑组. 工业炉设计手册 [M]. 北京：机械工业出版社，1981.

[6] 卿定彬. 工业炉用热交换装置 [M]. 北京：冶金工业出版社，1986.

[7] 汪杰年. 工业炉改造节能技术 [M]. 北京：机械工业出版社，1987.

[8] 吴德荣，等. 工业炉及其节能 [M]. 北京：机械工业出版社，1990.

[9] 池桂兴，等. 工业炉节能技术 [M]. 北京：冶金工业出版社，1994.

[10] 国家机械工业委员会. 工业炉节能常识 [M]. 北京：机械工业出版社，1988.

冶金工业出版社部分图书推荐

书 名	作 者	定价(元)
热工测量仪表（第2版）（本科国规教材）	张 华	46.00
现代冶金工艺学——钢铁冶金卷（本科国规教材）	朱苗勇	49.00
冶金专业英语（第2版）（本科国规教材）	侯向东	28.00
物理化学（第4版）（本科国规教材）	王淑兰	45.00
冶金物理化学研究方法（第4版）（本科教材）	王常珍	69.00
钢铁冶金学（炼铁部分）（第3版）（本科教材）	王筱留	60.00
钢铁冶金原燃料及辅助材料（本科教材）	储满生	59.00
钢铁冶金原理（第4版）（本科教材）	黄希祜	82.00
冶金与材料热力学（本科教材）	李文超	65.00
冶金物理化学（本科教材）	张家芸	39.00
冶金原理（本科教材）	韩明荣	40.00
炼铁学（本科教材）	梁中渝	45.00
炼钢学（本科教材）	雷 亚	42.00
炼铁工艺学（本科教材）	那树人	45.00
炉外精炼教程（本科教材）	高泽平	40.00
冶金热工基础（本科教材）	朱光俊	36.00
耐火材料（第2版）（本科教材）	薛群虎	35.00
金属材料学（第2版）（本科教材）	吴承建	52.00
钢铁冶金用耐火材料（本科教材）	游杰刚	28.00
连续铸钢（第2版）（本科教材）	贺道中	30.00
冶金设备（第2版）（本科教材）	朱 云	56.00
冶金设备及自动化（本科教材）	王立萍	29.00
冶金工厂设计基础（本科教材）	姜 澜	45.00
炼铁厂设计原理（本科教材）	万 新	38.00
炼钢厂设计原理（本科教材）	王令福	29.00
轧钢厂设计原理（本科教材）	阳 辉	46.00
重金属冶金学（本科教材）	翟秀静	49.00
轻金属冶金学（本科教材）	杨重愚	39.80
稀有金属冶金学（本科教材）	李洪桂	34.80
冶金原理（高职高专教材）	卢宇飞	36.00
冶金基础知识（高职高专教材）	丁亚茹	36.00
金属学及热处理（高职高专教材）	孟延军	25.00
金属热处理生产技术（高职高专教材）	张文丽	35.00